Martin Bernhard

MATHEMATIK

Trainingsbuch

Lösen von Gleichungen und Ungleichungen

Basiswissen festigen
Wissen testen
und anwenden

Wenn du gerne lernst, wirst du auch viel lernen.
Was du gelernt hast, erhalte durch Übung.
Isokrates

Vorwort, bitte lesen!

Das **Lösen von Gleichungen und Ungleichungen** gehört zu den **Grundfertigkeiten** der Mathematik. Dieses Buch soll dir helfen, dein bereits vorhandenes **Basiswissen** zu **festigen**, und dein **Wissen** bei weiterführenden Aufgaben zu **testen** und **anzuwenden**.
In diesem Buch werden alle **bis zur Matura** relevanten Gleichungen und Ungleichungen behandelt.
Mathematik zu verstehen ist sehr wichtig, aber das allein genügt leider nicht. Wenn du erfolgreich sein willst, hilft nur **häufiges Üben**. Es ist **wie im Sport**: Sogar die besten Sportler trainieren ständig, um ihren Level zu halten oder zu verbessern. Warum sollte das beim Lernen anders sein?
Dieses Buch ist kein Lehrbuch und kann auch den Unterricht nicht ersetzen.
Es ist ein **Trainingsbuch**, mit dem du deine **mathematische Fitness steigern** kannst.
Wie im Sport, geht es nur mit Tun und Handeln, wenn du besser werden willst.

Das **Buch** besteht eigentlich **aus zwei Teilen**:
Im **ersten Teil** „Basiswissen" kannst du die **Grundlagen** für das Auflösen von Gleichungen festigen. Jeder Abschnitt beginnt mit einem **grau unterlegten Kasten**, der die wichtigsten Informationen zur Lösung der nachfolgenden Beispiele enthält. Ein **durchgerechnetes Beispiel** zeigt dir, was zu tun ist. Dann folgen **weitere sehr ähnliche Beispiele, die du selbstständig bewältigen sollst**.
Selbstverständlich musst du beim ersten Üben nicht alle weiteren Beispiele lösen.
Insgesamt enthält das Buch im ersten Teil 90 durchgerechnete Musterbeispiele und 690 weitere Beispiele mit den Ergebnissen.
Im **zweiten Teil** „Testen und Anwenden" kannst du dein **Wissen** an unterschiedlichen Aufgaben **überprüfen** und **anwenden**. Zu deiner Kontrolle sind alle **Aufgaben im Lösungsteil vollständig durchgerechnet**. Insgesamt enthält das Buch im zweiten Teil 117 Aufgaben mit ausführlichen Lösungen.

Setzt du das **Buch parallel zum Unterricht** ein, wird es sich sicher positiv auf deinen **Lernerfolg** und deine Ergebnisse bei Tests und Schularbeiten auswirken

Viel Freude beim Lernen und den erhofften Erfolg wünscht dir der Autor dieses Buches.

2., überarbeitete Auflage 2020

Inhaltsverzeichnis

Basiswissen

Testen und Anwenden

Gleichungen – Tragende Säulen der Mathematik

Gleichungen bestehen aus **zwei Termen**, die **durch das Gleichheitszeichen verbunden** sind.
Beispiel: Der Umfang eines Quadrats ist gleich der Seite des Quadrats mal 4.
Bezeichnet man den Umfang mit u und die Seite des Quadrats mit a, dann kann dieser Satz als **Gleichung** geschrieben werden: $\mathbf{u = a \cdot 4}$. Mit dieser Gleichung kann man den Umfang jedes Quadrats berechnen, wenn man seine Seite kennt. Es handelt sich um eine **Identitätsgleichung**. Dazu gehören die geometrischen, mathematischen (z.B.: $a \cdot b = b \cdot a$) und physikalischen Formeln (z.B.: $s = v \cdot t$).
Eine andere Art von Gleichungen sind die **Bestimmungsgleichungen**. Dabei handelt es sich um Aussageformen, deren Wahrheitswert zunächst noch nicht bekannt ist. Diese enthalten **unbekannte Größen**, sogenannte **Variablen**. Die Aufgabe besteht darin, die **Gleichung** zu **lösen**, also jene **Unbekannte** zu **bestimmen**, welche die Aussageform zu einer wahren Aussage macht.
Beispiel: Ein zehnjähriger Bub sagt: „Meine Schwester und ich sind zusammen 15 Jahre alt. Kannst du mir sagen, wie alt meine Schwester ist?"
Bezeichnet man das **unbekannte Alter** der Schwester mit **x**, so erhält man folgende Gleichung:

$$\underbrace{\mathbf{x+10}}_{\text{linke Seite}} = \underbrace{\mathbf{15}}_{\text{rechte Seite}}$$

Den Wert der Unbekannten x kann man durch ***Probieren*** ermitteln, indem man der Reihe nach für x die Zahlen 1, 2, 3, ... einsetzt. Für x = 5 ergibt sich die wahre Aussage $5+10=15$. Die **Zahl 5 ist** die **Lösung** der obigen Gleichung. Die Schwester ist 5 Jahre alt.
Den Wert der Unbekannten x kann man auch durch ***Rechnung*** ermitteln, indem man auf beiden Seiten der Gleichung die Zahl 10 abzieht:

$$x+10=15 \quad |-10$$
$$x+\underbrace{10-10}_{=0}=\underbrace{15-10}_{=5}$$
$$\mathbf{x=5}$$

Beim **Lösen von Gleichungen** ist man bestrebt, durch Umformungen die Unbekannte allein auf eine Seite zu bringen. Die wichtigsten **Umformungsschritte (Äquivalenzumformungen)** sind:

Auf beiden Seiten der Gleichung **dieselbe Zahl addieren** oder **subtrahieren**,
beide Seiten der Gleichung **mit derselben Zahl** (ungleich Null) **multiplizieren**,
beide Seiten der Gleichung **durch dieselbe Zahl** (ungleich Null) **dividieren**.

Gegeben sind Gleichungen vom Typ: $\mathbf{ax+b=c}$

Beispiele: Ermittle die Lösungen folgender Gleichungen in $\mathbb{N}$ und mache die Probe.

(a) $\mathbf{2x+3-11}$

$$2x+3=11 \quad |-3$$
$$2x+3-3=11-3$$
$$2x=8 \quad |:2$$
$$\mathbf{x=4}$$

(h) $\mathbf{\frac{1}{2}x-7=8}$

$$\frac{1}{2}x-7=8 \quad |+7$$
$$\frac{1}{2}x-7+7=8+7$$
$$\frac{1}{2}x=15 \quad |\cdot 2$$
$$\mathbf{x=30}$$

(c) $\mathbf{9+x=17}$

$$9+x=17 \quad |-9$$
$$9-9+x=17-9$$
$$\mathbf{x=8}$$

(d) $\mathbf{5+\frac{x}{3}=9}$

$$5+\frac{x}{3}=9 \quad |-5$$
$$5-5+\frac{x}{3}=9-5$$
$$\frac{x}{3}=4 \quad |\cdot 3$$
$$\mathbf{x=12}$$

Zur **Probe** wird die Lösung an Stelle der Variablen in die gegebene Gleichung eingesetzt und nachgeprüft, ob sich eine wahre Aussage ergibt.

$$2\cdot 4+3=11$$
$$8+3=11$$
$$11=11, \text{w.A.}$$

$$\frac{1}{2}\cdot 30-7=8$$
$$15-7=8$$
$$8=8, \text{w.A.}$$

$$9+8=17$$
$$17=17, \text{w.A.}$$

$$5+\frac{12}{3}=9$$
$$5+4=9$$
$$9=9, \text{w.A.}$$

Weitere Beispiele:

(01) $4x+7=19; \frac{2}{3}x-5=1; 11+3x=23; 7+\frac{1}{4}x=12$ **Lösungen**: $x=3; x=9; x=4; x=20$

(02) $8x-12=28; 15+4y=19; \frac{3}{5}z-5=10; 6+\frac{u}{2}=12$ **Lösungen**: $x=5; y=1; z=25; u=12$

Addiert oder **subtrahiert** man **auf beiden Seiten** einer Gleichung **den gleichen Term, der die Variable enthält,** so stellt dieser Umformungsschritt eine **Äquivalenzumformung** dar.

Gegeben sind Gleichungen vom Typ: $\mathbf{ax+b=cx+d}$

Beispiele: Ermittle die Lösungen folgender Gleichungen in $\mathbb{Z}$ und mache die Probe.

(a) $\mathbf{3x-5=x+9}$

$$3x-5=x+9 \quad |+5$$
$$3x-5+5=x+9+5$$
$$3x=x+14 \quad |-x$$
$$3x-x=x-x+14$$
$$2x=14 \quad |:2$$
$$\mathbf{x=7}$$

(b) $\mathbf{\frac{2}{3}y+4=7-\frac{1}{3}y}$

$$\tfrac{2}{3}y+4=7-\tfrac{1}{3}y \quad |-4$$
$$\tfrac{2}{3}y+4-4=7-4-\tfrac{1}{3}y$$
$$\tfrac{2}{3}y=3-\tfrac{1}{3}y \quad |+\tfrac{1}{3}y$$
$$\tfrac{2}{3}y+\tfrac{1}{3}y=3-\tfrac{1}{3}y+\tfrac{1}{3}y$$
$$\mathbf{y=3}$$

(c) $\mathbf{10-5z=5z-10}$

$$10-5z=5z-10 \quad |+10$$
$$10+10-5z=5z-10+10$$
$$20-5z=5z \quad |+5z$$
$$20-5z+5z=5z+5z$$
$$20=10z \Leftrightarrow 10z=20 \quad |:10$$
$$\mathbf{z=2}$$

Zur **Probe** wird die Lösung an Stelle der Variablen in die gegebene Gleichung eingesetzt und nachgeprüft, ob sich eine wahre Aussage ergibt.

$$3\cdot 7-5=7+9$$
$$21-5=16$$
$$16=16, \text{w.A.}$$

$$\frac{2}{3}\cdot 3+4=7-\frac{1}{3}\cdot 3$$
$$2+4=7-1$$
$$6=6, \text{w.A.}$$

$$10-5\cdot 2=5\cdot 2-10$$
$$10-10=10-10$$
$$0=0, \text{w.A.}$$

Weitere Beispiele:

(03) $8x-74=5x-41$ — **Lösung:** $x=11$

(04) $\frac{3}{4}y-2=3-\frac{1}{4}y$ — **Lösung:** $y=5$

(05) $6z+12=-12-6z$ — **Lösung:** $z=-2$

Beispiele: Ermittle die Lösungen folgender Gleichungen in $\mathbb{Z}$ und mache die Probe.

(a) $\mathbf{3x-(5+x)=7+x}$

$$3x-5-x=7+x$$
$$2x-5=7+x \quad |-x+5$$
$$2x-x+5-5=7+x-x+5$$
$$\mathbf{x=12}$$

(b) $\mathbf{4+2(y-5)=8y-4(y-2)}$

$$4+2(y-5)=8y-4(y-2)$$
$$4+2y-10=8y-4y+8$$
$$2y-6=4y+8 \quad |-2y-8$$
$$2y-6-2y-8=4y+8-2y-8$$
$$-14=2y \Leftrightarrow 2y=-14 \quad |:2$$
$$\mathbf{y=-7}$$

Zur **Probe** wird die Lösung an Stelle der Variablen in die gegebene Gleichung eingesetzt und nachgeprüft, ob sich eine wahre Aussage ergibt.

$$3\cdot 12-(5+12)=7+12$$
$$36-17=19$$
$$19=19, \text{w.A.}$$

$$4+2\cdot(-7-5)=8\cdot(-7)-4\cdot(-7-2)$$
$$4+2\cdot(-12)=-56-4\cdot(-9)$$
$$4-24=-56+36$$
$$-20=-20, \text{w.A.}$$

Weitere Beispiele:

(06) $7-(5+2x)=-3x$ — **Lösung:** $x=-2$

(07) $4(y-3)=2y-3(y-1)$ — **Lösung:** $y=3$

(08) $7z-3(5-2z)=4(3z-8)-3$ — **Lösung:** $x=-20$

Lineare Gleichungen mit einer Variablen

Jede Gleichung, die durch Äquivalenzumformungen auf die Normalform $\mathbf{ax+b=0}$ gebracht werden kann, bezeichnet man als **lineare Gleichung**.
Die wichtigsten **Äquivalenzumformungen** sind:
Auf *beiden Seiten* der Gleichung
- dieselbe Zahl oder denselben Term addieren,
- dieselbe Zahl oder denselben Term subtrahieren,
- mit derselben Zahl $\neq 0$ oder demselben Term $\neq 0$ multiplizieren,
- durch dieselbe Zahl $\neq 0$ oder denselben Term $\neq 0$ dividieren.

Gegeben sind lineare Gleichungen vom **Typ:** $\mathbf{ax+b-[cx+d+e(fx+g)+h]=k(lx+m)}$

Beispiel: Ermittle die Lösung der Gleichung $-7x-2-[6x+11+8(-7x-1)+10]=-11(-4x+1)$ in $\mathbb{Z}$ und mache die Probe!

$$-7x-2-[6x+11-56x-8+10]=44x-11 \quad | \text{ Klammern auflösen}$$
$$-7x-2-[-50x+13]=44x-11$$
$$-7x-2+50x-13=44x-11 \quad | \text{ Zusammenfassen}$$
$$43x-15=44x-11 \quad | -44x+11$$
$$-x-4=0 \quad | \cdot(-1)$$
$$x+4=0 \quad | -4$$
$$x=-4$$

Zur **Probe** wird die Lösung an Stelle der Variablen in die gegebene Gleichung eingesetzt und nachgeprüft, ob sich eine wahre Aussage ergibt.

$$-7\cdot(-4)-2-[6\cdot(-4)+11+8\cdot(-7\cdot(-4)-1)+10]=-11\cdot(-4\cdot(-4)+1)$$
$$26-[-13+8\cdot 27+10]=-11\cdot 17$$
$$26-213=-187$$
$$-187=-187 \quad | \text{ wahre Aussage!}$$

Weitere Beispiele:

(01) $12x+4-[-15x-9-(-7x-10)+4]=3(7x-3)$ **Lösung**: $x=8$

(02) $5x+6-[-6x+13-(10x-15)-5]=-4(-4x+8)$ **Lösung**: $x=-3$

(03) $-9x+9-[12x-5+(x-1)-7]=0$ **Lösung**: $x=1$

(04) $x-6-[5x+3+(10x+11)+7]=-6x-7$ **Lösung**: $x=-2$

(05) $15x+10-[10x+11+4(8x+14)+11]=13(-2x+2)$ **Lösung**: $x=-94$

(06) $10x+9-[8x-9+(-8x-6)-6]=11(x-1)$ **Lösung**: $x=41$

(07) $13x-6-[8x+12+2(10x+5)-10]=8(4x-14)$ **Lösung**: $x=2$

(08) $11x+5-[4x-12+4(2x+1)+5]=0$ **Lösung**: $x=8$

(09) $8x-6-[6x+10-4(-11x+6)+8]=12x$ **Lösung**: $x=0$

(10) $2x-10-[2x-4-5(5x-7)+10]=9(2x+13)$ **Lösung**: $x=24$

(11) $14x+1-[-15x-7-6(-8x-13)+4]=-3(11x-8)$ **Lösung**: $x=7$

(12) $-3x+6-(-10x+14-40x)=-4(-10x-5)$ **Lösung**: $x=4$

(13) $-5x+3-[3x+5+5(-5x+5)+6]=2(6x+6)$ **Lösung**: $x=9$

(14) $8x-8-[10x+6+-7(-10x-14)-4]=-12(4x-15)$ **Lösung**: $x=-12$

(15) $-13x+3-[13x+4+2(-4x-13)+1]=132$ **Lösung**: $x=-6$

(16) $-11x-10-[8x+1-3(-4x+11)-6]=-14(x+15)$ **Lösung**: $x=14$

(17) $-11-[-2x+1-3(10x+11)+3]=-6(-5x+10)$ **Lösung**: $x=-39$

(18) $14x-8-[x+10+2(2x-2)+4]=-6(-x-15)$ **Lösung**: $x=36$

Beispiel: Ermittle die Lösung der Gleichung $-5x+15-[-7x-20+11(-2x+1)]=6(4x+4)$ in $\mathbb{R}$

$$-5x+15-[-7x-20+11(-2x+1)]=6(4x+4)$$
$$-5x+15-[-7x-20-22x+11]=24x+24$$
$$-5x+15-[-29x-9]=24x+24$$
$$-5x+15+29x+9=24x+24$$
$$24x+24=24x+24$$

Die letzte Gleichung ergibt für jede Zahl $x\in\mathbb{R}$ eine wahre Aussage, daher ist die Lösungsmenge $L=\mathbb{R}$. Man sagt: Die **Gleichung ist** über $\mathbb{R}$ **allgemeingültig**.

Weitere Beispiele:

(19) $-10x+12-[2x-15-15(-2x-3)]=3(-14x-6)$ **L** $=\mathbb{R}$

(20) $13x+1-[-8x-21-2(14x+3)]=-7(-7x-4)$ **L** $=\mathbb{R}$

(21) $6x-7-[11x-6+11(-10x+4)]=15(7x-3)$ **L** $=\mathbb{R}$

(22) $-15x-2-[13x-14-12(x-5)]=4(-4x-12)$ **L** $=\mathbb{R}$

(23) $9x-1-[9x-14-2(-15x-4)]=5(-6x+1)$ **L** $=\mathbb{R}$

Beispiel: Ermittle die Lösung der Gleichung $2x+14-[11x+6-(2x+7)]=-(7x+11)$ in $\mathbb{R}$

$$2x+14-[11x+6-(2x+7)]=-(7x+11)$$
$$2x+14-[11x+6-2x-7]=-7x-11$$
$$2x+14-[9x-1]=-7x-11$$
$$2x+14-9x+1=-7x-11$$
$$-7x+15=-7x-11$$
$$15=\ 11$$

Die letzte Gleichung führt für jede Zahl $x\in\mathbb{R}$ auf einen Widerspruch, daher ist die Lösungsmenge die leere Menge $L=\{\ \}$. Man sagt: Die **Gleichung ist** über $\mathbb{R}$ **unlösbar**.

Weitere Beispiele:

(24) $x-14-[3x+1+4(-13x-5)]=-5(-10x+3)$ **L** $=\{\ \}$

(25) $9x+2-[12x+4-8(-3x+6)]=9(-3x+9)$ **L** $=\{\ \}$

(26) $-5x-4-[-9x-2-5(-4x+5)]=-4(4x+2)$ **L** $=\{\ \}$

(27) $2x+10-[-x-24-3(6x+13)]=-7(-3x-7)$ **L** $=\{\ \}$

(28) $x+2-[-12x-15-2(-4x+2)]=5(x-5)$ **L** $=\{\ \}$

Gegeben sind lineare Gleichungen vom **Typ:** $(ax+b)^2+c\cdot(dx+e)=f\cdot(gx^2+h)+k$

Beispiel: Ermittle die Lösung der Gleichung $(x+4)^2-5\cdot(3x+5)=(x^2+1)-3$ in $\mathbb{R}$ und mache die Probe!

$$\begin{aligned} (x+4)^2-5\cdot(3x+5)&=(x^2+1)-3 && \text{Ausmultiplizieren} \\ x^2+8x+16-15x-25&=x^2-2 && \text{Zusammenfassen} \\ x^2-7x-9&=x^2-2 && -x^2 \\ -7x-9&=-2 && +9 \\ -7x&=7 && :(-7) \\ x&=\frac{7}{-7}=-1 \end{aligned}$$

Probe:

$$\begin{aligned} (-1+4)^2-5\cdot(-3+5)&=((-1)^2+1)-3 \\ 3^2-5\cdot 2&=2-3 \\ -1&=-1 \quad | \text{ wahre Aussage!} \end{aligned}$$

Weitere Beispiele:

(29) $(x+4)^2-5\cdot(3x+5)=(x^2+1)-3$ **Lösung**: $x=-1$

(30) $(-2x-1)^2-(3x+3)=(4x^2+1)-3$ **Lösung**: $x=0$

(31) $(-3x+4)^2-2\cdot(-x+4)=3\cdot(3x^2-3)-5$ **Lösung**: $x=1$

(32) $(-2x+1)^2+4\cdot(4x+3)=-2\cdot(-2x^2-2)-3$ **Lösung**: $x=-1$

(33) $(2x-1)^2-(-3x-5)=-2\cdot(-2x^2+5)-4$ **Lösung**: $x=20$

(34) $(-2x-3)^2+5\cdot(-4x+3)=4\cdot(x^2-5)+4$ **Lösung**: $x=5$

(35) $(4x+5)^2+5\cdot(5x-2)=4\cdot(4x^2+4)-1$ **Lösung**: $x=0$

(36) $(-2x+1)^2+(-5x-1)=-(-4x^2+5)-4$ **Lösung**: $x=1$

(37) $(2x-3)^2+4\cdot(2x-2)=-4\cdot(-x^2+5)+1$ **Lösung**: $x=5$

(38) $4x^2+4\cdot(x+4)=-2\cdot(-2x^2-5)-2$ **Lösung**: $x=-2$

(39) $(-2x-3)^2-2\cdot(5x+3)=2\cdot(2x^2+5)+3$ **Lösung**: $x=5$

(40) $(2x+3)^2+2\cdot(2x-4)=(4x^2-2)+3$ **Lösung**: $x=0$

(41) $(-4x-2)^2+(-x-1)=4\cdot(4x^2-4)+4$ **Lösung**: $x=-1$

(42) $(-3x+2)^2-3\cdot(-3x-2)=3\cdot(3x^2-2)+4$ **Lösung**: $x=4$

(43) $(-3x-1)^2+(-5x-2)=3\cdot(3x^2-4)+3$ **Lösung**: $x=-8$

(44) $(2x-2)^2+5\cdot(-3x+4)=4\cdot(x^2-1)+5$ **Lösung**: $x=1$

(45) $25x^2+(3x-2)=5\cdot(5x^2-2)+5$ **Lösung**: $x=-1$

(46) $(3x+5)^2+5\cdot(-5x-4)=3\cdot(3x^2-4)+2$ **Lösung**: $x=-3$

(47) $(-2x+2)^2+2\cdot(3x+1)=2\cdot(2x^2-5)+2$ **Lösung**: $x=7$

Gleichungen mit Bruchtermen, die auf lineare Gleichungen führen

Gleichungen mit Bruchtermen werden *bruchfrei* gemacht, indem man sie mit dem **Hauptnenner HN** (kleinstes gemeinsames Vielfaches aller vorhandenen Nenner) multipliziert.

Gegeben sind lineare Gleichungen vom **Typ:** $\frac{ax+b}{n_1}+\frac{cx+d}{n_2}+\frac{e}{n_3}=\frac{fx+g}{n_4}+\frac{hx+k}{n_5}$

Beispiel: Ermittle die Lösung der Gleichung $\frac{-11x-4}{3}+\frac{4x+1}{3}+\frac{1}{6}=\frac{-6x+12}{6}+\frac{-8x+2}{4}$ in $\mathbb{R}$ und mache die Probe!

$$\frac{-11x-4}{3}+\frac{4x+1}{3}+\frac{1}{6}=\frac{-6x+12}{6}+\frac{-8x+2}{4} \quad |\cdot 12 \text{ (Hauptnenner)}$$
$$-44x-16+16x+4+2=-12x+24-24x+6 \quad | \text{ Zusammenfassen}$$
$$-28x-10=-36x+30 \quad | +36x-30$$
$$8x-40=0 \quad | +40$$
$$8x=40 \quad | :8$$
$$x=\frac{40}{8}=5$$

Probe:
$$\frac{-11x-4}{3}+\frac{4x+1}{3}+\frac{1}{6}=\frac{-6x+12}{6}+\frac{-8x+2}{4}$$
$$\frac{-55-4}{3}+\frac{20+1}{3}+\frac{1}{6}=\frac{-30+12}{6}+\frac{-40+2}{4}$$
$$-\frac{59}{3}+\frac{21}{3}+\frac{1}{6}=-\frac{18}{6}-\frac{38}{4}$$
$$-\frac{38}{3}+\frac{1}{6}=-3-\frac{19}{2} \quad |\cdot 6$$
$$-75=-75 \quad | \text{ wahre Aussage!}$$

Weitere Beispiele:

(48) $\frac{6x-3}{8}-\frac{3}{2}=\frac{5x}{6}-\frac{4x-5}{8}$ **Lösung**: $x=6$

(49) $\frac{5x-4}{4}-\frac{7}{3}=\frac{4x+1}{3}+\frac{3x}{8}$ **Lösung**: $x=-8$

(50) $\frac{6x-7}{3}+\frac{7x-6}{6}-\frac{12}{9}=\frac{-7x-5}{9}+\frac{11x+9}{8}$ **Lösung**: $x=1$

(51) $\frac{7x+1}{3}+\frac{-7x-1}{3}-\frac{7}{3}=\frac{x-9}{2}+\frac{-6x+1}{6}$ **Lösung**: $x=-4$

(52) $\frac{x-11}{5}+\frac{4}{9}+\frac{12}{6}=\frac{-4x-7}{9}+\frac{8x-4}{9}$ **Lösung**: $x=6$

(53) $\frac{3x-4}{2}+\frac{3x+6}{3}-\frac{7}{3}=\frac{11x+10}{9}+\frac{4x+9}{2}$ **Lösung**: $x=-11$

(54) $\frac{-9x-12}{9}+\frac{3x-11}{8}+2=\frac{-11x-8}{3}+\frac{7x-9}{3}$ **Lösung**: $x=-7$

(55) $\frac{-12x+10}{5}+\frac{11x-7}{6}-\frac{3}{2}=-\frac{2x}{3}+\frac{x-2}{6}$ **Lösung**: $x=-5$

(56) $\frac{4x-11}{7}+\frac{-7x+3}{5}-\frac{12}{7}=\frac{-8x-3}{3}+\frac{9x-5}{5}$ **Lösung**: $x=18$

Quadratische Gleichungen mit einer Variablen

Rein quadratische Gleichung: $\mathbf{ax^2+c=0}$, $a\neq 0, c\in\mathbb{R}$ lässt sich auf die Form $\mathbf{x^2=q=}\frac{-c}{a}$ bringen.

In der Menge $\mathbb{R}$ gibt es **drei Lösungsfälle**:

Für $q>0$ gibt es *zwei reelle* Lösungen $L=\left\{+\sqrt{q},-\sqrt{q}\right\}$; für $q=0$ ist $L=\{0\}$; Für $q<0$ ist $L=\{\ \}$.

Quadratische Gleichungen ohne konstantes Glied

$\mathbf{ax^2+bx=0}$; $a\neq 0, b\in\mathbb{R}$ $\mathbf{x^2+px=0}$; $p\neq 0$

Sie besitzen stets *zwei verschiedene reelle* Lösungen. Man erhält sie, indem man x heraushebt und die so erhaltenen Faktoren gleich null setzt.

$\mathbf{x(ax+b)=0; x_1=0, x_2=-\frac{b}{a}}$ $\mathbf{x(x+p)=0; x_1=0, x_2=-p}$

Allgemeine quadratische Gleichung

$\mathbf{ax^2+bx+c=0}$; $a\neq 0, b,c\in\mathbb{R}$

Normalform der quadratischen Gleichung

$\mathbf{x^2+px+q=0}$; $p=\frac{b}{a}, q=\frac{c}{a}$

Lösungsformeln

$$\mathbf{x_{1,2}=\frac{-b\pm\sqrt{b^2-4ac}}{2a}}$$ „Große Lösungsformel“

$$\mathbf{x_{1,2}=-\frac{p}{2}\pm\sqrt{\left(\frac{p}{2}\right)^2-q}}$$ „Kleine Lösungsformel“

Diskriminante

$$\mathbf{D=b^2-4ac}$$ $$\mathbf{D=\left(\frac{p}{2}\right)^2-q}$$

Für $D>0$ gibt es *zwei reelle* Lösungen, für $D=0$ *eine reelle* und für $D<0$ *keine reelle* Lösung.

Gegeben sind quadratische Gleichungen vom **Typ:** $\mathbf{x^2+px+q=0}$.

Beispiel: Ermittle die Lösungen der Gleichung $x^2+5x+6=0$ in $\mathbb{R}$ und mache die Probe!

$$x_{1,2}=-\frac{5}{2}\pm\sqrt{\frac{25}{4}-6}=-\frac{5}{2}\pm\sqrt{\frac{1}{4}}=-\frac{5}{2}\pm\frac{1}{2}$$ | Kleine Lösungsformel anwenden!

$$x_1=-\frac{4}{2}=-2;\ x_2=-\frac{6}{2}=-3$$

Zur **Probe** werden die Lösungen an Stelle der Variablen in die gegebene Gleichung eingesetzt und nachgeprüft, ob sich eine wahre Aussage ergibt.

$$(-2)^2+5\cdot(-2)+6=0$$
$$4-10+6=0$$
$$0=0$$ | wahre Aussage

$$(-3)^2+5\cdot(-3)+6=0$$
$$9-15+6=0$$
$$0=0$$ | wahre Aussage

Weitere Beispiele:

(01) $x^2-4x+3=0$ **Lösungen:** $x_1=1, x_2=3$

(02) $x^2+x-6=0$ **Lösungen:** $x_1=-3, x_2=2$

(03) $x^2+6x+5=0$ **Lösungen:** $x_1=-5, x_2=-1$

(04) $x^2-8x+7=0$ **Lösungen:** $x_1=1, x_2=7$

(05) $x^2+8x+12=0$ **Lösungen:** $x_1=-6, x_2=-2$

(06) $x^2-7x+10=0$ **Lösungen:** $x_1=2, x_2=5$

Gegeben sind quadratische Gleichungen vom **Typ:** $\mathbf{ax^2+bx+c=0}$.

Beispiel: Ermittle die Lösungen der Gleichung $2x^2-5x-3=0$ in $\mathbb{R}$ und mache die Probe!

$$x_{1,2}=\frac{5\pm\sqrt{25+24}}{4}=\frac{5\pm\sqrt{49}}{4}=\frac{5\pm7}{4}\,\Big|\text{ Große Lösungsformel anwenden!}$$

$$x_1=\frac{12}{4}=3;\ x_2=-\frac{2}{4}=-\frac{1}{2}=-0,5$$

Zur **Probe** werden die Lösungen an Stelle der Variablen in die gegebene Gleichung eingesetzt und nachgeprüft, ob sich eine wahre Aussage ergibt.

$$2\cdot3^2-5\cdot3-3=0$$
$$18-15-3=0$$
$$0=0\ \Big|\text{ wahre Aussage}$$

$$2\cdot(-0,5)^2-5\cdot(-0,5)-3=0$$
$$0,5+2,5-3=0$$
$$0=0\ \Big|\text{ wahre Aussage}$$

Weitere Beispiele:

(07) $2x^2-11x-6=0$ **Lösungen:** $x_1=-0.5, x_2=6$

(08) $4x^2-9x+2=0$ **Lösungen:** $x_1=0.25, x_2=2$

(09) $-4x^2+3x+7=0$ **Lösungen:** $x_1=-1, x_2=1.75$

(10) $8x^2+6x-5=0$ **Lösungen:** $x_1=-1.25, x_2=0.5$

(11) $3x^2+2x-1=0$ **Lösungen:** $x_1=-1, x_2=\frac{1}{3}$

(12) $-3x^2-4x+4=0$ **Lösungen:** $x_1=-2, x_2=\frac{2}{3}$

(13) $2x^2-5x-3=0$ **Lösungen:** $x_1=-0.5, x_2=3$

(14) $3x^2+4x-4=0$ **Lösungen:** $x_1=-2, x_2=\frac{2}{3}$

(15) $-2x^2+3x+9=0$ **Lösungen:** $x_1=-1.5, x_2=3$

(16) $4x^2+5x-6=0$ **Lösungen:** $x_1=-2, x_2=0.75$

Gegeben sind quadratische Gleichungen vom **Typ:** $\mathbf{ax^2+c=0}$.

Beispiel: Ermittle die Lösung der Gleichung $4x^2-25=0$ in $\mathbb{R}$.

$$4x^2-25=0\ \Big|\ +25$$
$$4x^2=25\ \Big|\ :4$$
$$x^2=\frac{25}{4}\Rightarrow x_{1,2}=\pm\sqrt{\frac{25}{4}}=\pm\frac{5}{2}=\pm2,5$$

Weitere Beispiele:

(17) $9x^2-16=0$ **Lösungen:** $x_1=\frac{4}{3},\ x_2=-\frac{4}{3}$

(18) $5x^2-12=0$ **Lösungen:** $x_1=\sqrt{\frac{12}{5}},\ x_2=-\sqrt{\frac{12}{5}}$

(19) $-25x^2+4=0$ **Lösungen:** $x_1=\frac{2}{5},\ x_2=-\frac{2}{5}$

(20) $13x^2-39=0$ **Lösungen:** $x_1=\sqrt{3},\ x_2=-\sqrt{3}$

(21) $49-25x^2=0$ **Lösungen:** $x_1=1.4,\ x_2=-1.4$

(22) $36x^2+25=0$ **Keine reelle Lösung**

(23) $-16x^2-49=0$ **Keine reelle Lösung**

Gegeben sind quadratische Gleichungen vom **Typ:** $\mathbf{ax^2+bx=0}$.

Beispiel: Ermittle die Lösung der Gleichung $7x^2+21x=0$ in $\mathbb{R}$.

$$7x^2+21x=0 \quad | \text{ x herausheben}$$
$$x\cdot(7x+21)=0 \quad | \text{ Faktoren = 0 setzen}$$
$$x=0 \Rightarrow x_1=0$$
$$7x+21=0 \Rightarrow x_2=-3$$

Weitere Beispiele:

(24) $4x^2-28x=0$ **Lösungen:** $x_1=0,\ x_2=7$

(25) $11x^2+44x=0$ **Lösungen:** $x_1=0,\ x_2=-4$

(26) $-7x^2+35x=0$ **Lösungen:** $x_1=0,\ x_2=5$

(27) $6x^2-15x=0$ **Lösungen:** $x_1=0,\ x_2=2.5$

(28) $-9x^2-54x=0$ **Lösungen:** $x_1=0,\ x_2=6$

(29) $18x-24x^2=0$ **Lösungen:** $x_1=0,\ x_2=0.75$

(30) $36x+15x^2=0$ **Lösungen:** $x_1=0,\ x_2=-2.4$

Lösungen von quadratischen Gleichungen – Satz von VIETA

Die Zahlen x_1 und x_2 sind genau dann Lösungen der **Gleichung** $\mathbf{x^2+px+q=0}$, wenn Folgendes gilt:

(1) Für die **Summe der Lösungen:** $\mathbf{x_1+x_2=-p}$

(2) Für das **Produkt der Lösungen:** $\mathbf{x_1\cdot x_2=q}$

(3) Der Gleichungsterm lässt sich als **Produkt zweier Linearfaktoren** darstellen:

$$\mathbf{x^2+px+q=(x-x_1)\cdot(x-x_2)}$$

Für die **allgemeine quadratische Gleichung** $\mathbf{ax^2+bx+c=0,\ (a\neq 0)}$ gelten analoge Formeln:

$$\mathbf{x_1+x_2=-\frac{b}{a},\quad x_1\cdot x_2=\frac{c}{a},\quad ax^2+bx+c=a\cdot(x-x_1)\cdot(x-x_2)}$$

Beispiel: Ermittle eine quadratische Gleichung mit den Lösungen $x_1=-4,\ x_2=-2$ und stelle den Gleichungsterm als Produkt zweier Linearfaktoren dar.

$$x_1+x_2=-p \Leftrightarrow -6=-p \Rightarrow p=6$$
$$x_1\cdot x_2=q \Leftrightarrow 8=q$$

Damit. $x^2+px+q=0 \Leftrightarrow x^2+6x+8=0$

$x^2+6x+8=(x+4)\cdot(x+2)$ Produkt der Linearfaktoren.

Weitere Beispiele:

(31) $x_1=1,\ x_2=3$ **Lösung:** $x^2-4x+3=(x-1)\cdot(x-3)$

(32) $x_1=-1,\ x_2=6$ **Lösung:** $x^2-5x-6=(x+1)\cdot(x-6)$

(33) $x_1=2,\ x_2=-2{,}5$ **Lösung:** $2x^2+x-10=2(x-2)\cdot(x+2{,}5)$

(34) $x_1=-1,\ x_2=5$ **Lösung:** $x^2-4x-5=(x+1)\cdot(x-5)$

(35) $x_1=1{,}5,\ x_2=2$ **Lösung:** $2x^2-7x+6=2(x-1{,}5)\cdot(x-2)$

(36) $x_1=-0{,}75,\ x_2=0{,}25$ **Lösung:** $16x^2+8x-3=16(x+0{,}75)\cdot(x-0{,}25)$

(37) $x_1=-2,\ x_2=-1{,}75$ **Lösung:** $4x^2+15x+14=4(x+2)\cdot(x+1{,}75)$

Quadratische Gleichungen mit Lösungen in $\mathbb{C}$

Die quadratischen Gleichungen mit reellen Koeffizienten
$z^2+pz+q=0;\ p,q\in\mathbb{R}$ und $az^2+bz+c=0;\ a\neq 0, b,c\in\mathbb{R}$ sind in der Menge $\mathbb{C}$ der komplexen Zahlen auch dann *lösbar*, wenn ihre *Diskriminanten negativ* sind.
Ihre Lösungen sind zwei *konjugiert komplexe* Zahlen.
Der **Satz von VIETA** behält seine Gültigkeit.

Beispiel: Ermittle die Lösungen der Gleichung $z^2+4z+13=0$ in $\mathbb{C}$ und überprüfe das Ergebnis mit dem Satz von VIETA.

$$z^2+4z+13=0$$

$$z_{1,2}=-2\pm\sqrt{4-13}=-2\pm\sqrt{-9}\ \big|\ \text{setze } i^2=-1$$

$$z_{1,2}=-2\pm\sqrt{9i^2}=-2\pm 3i \Rightarrow z_1=-2+3i, z_2=-2-3i$$

$$z_1+z_2=-2+3i+(-2-3i)=-4=-p$$

$$z_1\cdot z_2=(-2+3i)\cdot(-2-3i)=4-6i+6i-9i^2=4+9=13=q$$

Weitere Beispiele:

(38) $z^2+2z+2=0$ — **Lösungen:** $z_1=-1+i, z_2=-1-i$

(39) $z^2+2z+17=0$ — **Lösungen:** $z_1=-1+4i, z_2=-1-4i$

(40) $2z^2-6z+5=0$ — **Lösungen:** $z_1=1{,}5+0{,}5i, z_2=1{,}5-0{,}5i$

(41) $9z^2+18z+10=0$ — **Lösungen:** $z_1=-1+0{,}33i, z_2=-1-0{,}33i$

(42) $16z^2+9=0$ — **Lösungen:** $z_1=0{,}75i, z_2=-0{,}75i$

(43) $z^2+4z+13=0$ — **Lösungen:** $z_1=-2+3i, z_2=-2-3i$

(44) $9z^2-6z+2=0$ — **Lösungen:** $z_1=0{,}33+0{,}33i, z_2=0{,}33-0{,}33i$

(45) $8z^2+12z+9=0$ — **Lösungen:** $z_1=-0{,}75+0{,}75i, z_2=-0{,}75-0{,}75i$

(46) $z^2-6z+10=0$ — **Lösungen:** $z_1=3+i, z_2=3-i$

Beispiel: Ermittle eine quadratische Gleichung mit den Lösungen $z_1=-1+2i$, $z_2=-1-2i$.

$$z_1+z_2=-p \Leftrightarrow -1+2i+(-1-2i)=-2=-p \Rightarrow p=2$$

$$z_1\cdot z_2=q \Leftrightarrow (-1+2i)\cdot(-1-2i)=1-2i+2i-4i^2=1+4=5=q$$

Damit: $z^2+pz+q=0 \Leftrightarrow z^2+2z+5=0$

Weitere Beispiele:

(47) $z_1=-4+2i, z_2=-4-2i$ — **Lösung:** $z^2+8z+20=0$

(48) $z_1=0{,}5+0{,}25i, z_2=0{,}5-0{,}25i$ — **Lösung:** $16z^2-16z+5=0$

(49) $z_1=1{,}5+0{,}5i, z_2=1{,}5-0{,}5i$ — **Lösung:** $2z^2-6z+5=0$

(50) $z_1=-1+4i, z_2=-1-4i$ — **Lösung:** $z^2+2z+17=0$

(51) $z_1=0{,}5+0{,}5i, z_2=0{,}5-0{,}5i$ — **Lösung:** $2z^2-2z+1=0$

(52) $z_1=0{,}25+i, z_2=0{,}25-i$ — **Lösung:** $16z^2-8z+17=0$

(53) $z_1=1+3i, z_2=1-3i$ — **Lösung:** $z^2-2z+10=0$

Gleichungen mit Bruchtermen, die auf quadratische Gleichungen führen

Gleichungen mit Bruchtermen werden *bruchfrei* gemacht, indem man sie mit dem **Hauptnenner HN** (kleinstes gemeinsames Vielfaches aller vorhandenen Nenner) multipliziert.

Kommt die **Variable in mindestens einem Nenner** vor, dann ermittelt man zunächst die **Definitionsmenge** der Gleichung, indem man die vorhandenen *Nenner gleich null* setzt und die so berechneten Zahlen aus der Grundmenge ausschließt.

Gegeben sind Gleichungen vom **Typ:** $\mathbf{\dfrac{ax+b}{cx+d}+\dfrac{ex+f}{gx+h}=\dfrac{kx+l}{mx+n}}$

Beispiel: Ermittle Definitionsmenge und Lösungsmenge der Gleichung $\dfrac{4x+1}{-x+2}+\dfrac{5x+1}{2x-5}=\dfrac{3x+3}{-2x}$ in $\mathbb{R}$.

$$-x+2=0 \Rightarrow x=2$$
$$2x-5=0 \Rightarrow x=2.5 \qquad \text{Damit: } D=\mathbb{R}\setminus\{0,2,2.5\}$$
$$-2x=0 \Rightarrow x=0$$

$$\frac{4x+1}{-x+2}+\frac{5x+1}{2x-5}=\frac{3x+3}{-2x}\Big|\cdot(-x+2)(2x-5)(-2x)\ldots \text{ Hauptnenner}$$
$$(4x+1)\cdot(2x-5)\cdot(-2x)+(5x+1)\cdot(-x+2)\cdot(-2x)=(3x+3)\cdot(-x+2)\cdot(2x-5)$$
$$(4x+1)\cdot\left(-4x^2+10x\right)+(5x+1)\cdot\left(2x^2-4x\right)=\left(-3x^2+3x+6\right)\cdot(2x-5)$$
$$-16x^3+36x^2+10x+10x^3-18x^2-4x=-6x^3+6x^2+12x+15x^2-15x-30$$
$$-6x^3+18x^2+6x=-6x^3+21x^2-3x-30$$
$$3x^2-9x-30=0 \Rightarrow x_{1,2}=\frac{9\pm\sqrt{81+360}}{6}=\frac{9\pm\sqrt{441}}{6}=\frac{9\pm21}{6}$$
$$x_1=5\in D,\ x_2=-2\in D$$

Zur **Probe** werden die Lösungen an Stelle der Variablen in die gegebene Gleichung eingesetzt und nachgeprüft, ob sich eine wahre Aussage ergibt.

Setze für $x=5$ ein: $\frac{21}{-3}+\frac{26}{5}=\frac{18}{-10} \Leftrightarrow -7+5{,}2=-1{,}8 \Leftrightarrow -1{,}8=-1{,}8$ wahre Aussage!

Setze für $x=-2$ ein: $\frac{-7}{4}+\frac{-9}{-9}=\frac{-3}{4} \Leftrightarrow -1{,}75+1=-0{,}75 \Leftrightarrow -0{,}75=-0{,}75$ wahre Aussage!

Weitere Beispiele:

(54) $\dfrac{2}{x}-\dfrac{3}{4x}=\dfrac{5}{x+6}$ — **Ergebnisse:** $D=\mathbb{R}\setminus\{-6,0\}$, $x=2$

(55) $\dfrac{5x-3}{3x-9}+\dfrac{4-2x}{2x-6}=\dfrac{x-4}{x-3}$ — **Ergebnisse:** $D=\mathbb{R}\setminus\{3\}$, $x=15$

(56) $\dfrac{x+2}{x-6}+\dfrac{x+1}{x}=\dfrac{-4x-3}{-2x+6}$ — **Ergebnisse:** $D=\mathbb{R}\setminus\{0,3,6\}$, $x_1=-6,\ x_2=-2$

(57) $\dfrac{x+3}{-2x+4}-1=\dfrac{-x+3}{x-5}$ — **Ergebnisse:** $D=\mathbb{R}\setminus\{2,5\}$ $x_1=-1,\ x_2=7$

(58) $\dfrac{x-4}{2x-1}-\dfrac{x+1}{x-2}=-1$ — **Ergebnisse:** $D=\mathbb{R}\setminus\{0.5,2\}$ $x_1=1,\ x_2=11$

(59) $2+\dfrac{3x-4}{-2x+5}=-\dfrac{5x+3}{x+3}$ — **Ergebnisse:** $D=\mathbb{R}\setminus\{-3,2.5\}$ $x_1=-1,\ x_2=3$

(60) $3x-1-\dfrac{4x-4}{x+4}=\dfrac{7x-1}{3}$ — **Ergebnisse:** $D=\mathbb{R}\setminus\{-4\}$ $x_1=1,\ x_2=2$

Gegeben sind Gleichungen vom **Typ:** $\frac{ax+b}{(cx+d)^2}+\frac{e}{cx-d}=\frac{gx+h}{c^2x^2-d^2}$

Beispiel: Ermittle Definitionsmenge und Lösungsmenge der Gleichung $\frac{-4x-1}{(2x+5)^2}+\frac{8}{2x-5}=\frac{-8x+9}{4x^2-25}$ in $\mathbb{R}$ und mache die Probe!

$2x+5=0 \Rightarrow x=-2.5$

$2x-5=0 \Rightarrow x=2.5$ Damit: $D=\mathbb{R}\setminus\{-2.5,2.5\}$

$4x^2-25=0 \Rightarrow x_1=-2.5, x_2=2.5$

$$\frac{-4x-1}{(2x+5)^2}+\frac{8}{2x-5}=\frac{-8x+9}{4x^2-25} \quad \Big|\cdot(2x+5)^2\cdot(2x-5) \ \ldots \text{Hauptnenner}$$

$$(-4x-1)(2x-5)+8(2x+5)^2=(-8x+9)(2x+5)$$

$$-8x^2+18x+5+32x^2+160x+200=-16x^2-22x+45$$

$$24x^2+178x+205=-16x^2-22x+45$$

$$40x^2+200x+160=0 \Leftrightarrow x^2+5x+4=0 \Rightarrow x_{1,2}=-\frac{5}{2}\pm\sqrt{\frac{25}{4}-4}=-\frac{5}{2}\pm\sqrt{\frac{9}{4}}$$

$$x_1=-\frac{5}{2}+\frac{3}{2}=-1, x_2=-\frac{5}{2}-\frac{3}{2}=-4$$

Zur **Probe** werden die Lösungen an Stelle der Variablen in die gegebene Gleichung eingesetzt und nachgeprüft, ob sich eine wahre Aussage ergibt.

Setze für $x=-1$ ein: $\frac{3}{9}+\frac{8}{-7}=\frac{17}{-21} \Leftrightarrow \frac{1}{3}-\frac{8}{7}=-\frac{17}{21} \Leftrightarrow -0,81=-0,81$ wahre Aussage!

Setze für $x=-4$ ein: $\frac{15}{9}+\frac{8}{-13}=\frac{41}{39} \Leftrightarrow \frac{5}{3}-\frac{8}{13}=\frac{41}{39} \Leftrightarrow 1,05=1,05$ wahre Aussage!

Weitere Beispiele:

(61) $\frac{x-1}{(x-5)^2}-\frac{3}{x+5}=\frac{-6x}{x^2-25}$ **Ergebnisse:** $D=\mathbb{R}\setminus\{-5,5\}$, $x=4$

(62) $\frac{2x+9}{(x+3)^2}+\frac{1}{x+3}=\frac{3x}{x^2-9}$ **Ergebnisse:** $D=\mathbb{R}\setminus\{-3,3\}$, $x=-6$

(63) $\frac{x+4}{(x-6)^2}-\frac{6}{x+6}=\frac{5x+2}{x^2-36}$ **Ergebnisse:** $D=\mathbb{R}\setminus\{-6,6\}$, $x_1=2, x_2=9$

(64) $\frac{7x+3}{(-3x+3)^2}+\frac{1}{-3x-3}=-\frac{x}{9x^2-9}$ **Ergebnisse:** $D=\mathbb{R}\setminus\{-1,1\}$, $x_1=-3, x_2=0$

(65) $\frac{x-9}{(x+3)^2}-\frac{4}{x-3}=\frac{-5x+7}{x^2-9}$ **Ergebnisse:** $D=\mathbb{R}\setminus\{-3,3\}$, $x_1=-1, x_2=15$

(66) $\frac{-x+3}{(-x+8)^2}+\frac{4}{-x-8}=\frac{5x-1}{x^2-64}$ **Ergebnisse:** $D=\mathbb{R}\setminus\{-8,8\}$, $x_1=4, x_2=6$

(67) $\frac{6x+5}{(x+2)^2}-\frac{5}{x-2}=\frac{-3x-5}{x^2-4}$ **Ergebnisse:** $D=\mathbb{R}\setminus\{-2,2\}$, $x_1=-1, x_2=5$

(68) $\frac{-x+4}{(2x+2)^2}+\frac{2}{2x-2}=\frac{x}{4x^2-4}$ **Ergebnisse:** $D=\mathbb{R}\setminus\{-1,1\}$, $x_1=-6, x_2=0$

(69) $\frac{x-3}{(-2x-9)^2}+\frac{9}{-2x+9}=\frac{x+6}{4x^2-81}$ **Ergebnisse:** $D=\mathbb{R}\setminus\{-4.5,4.5\}$, $x_1=-7, x_2=-3$

Lineare Gleichungssysteme (2 Gleichungen mit 2 Variablen)

Normalform eines linearen Gleichungssystems $\begin{cases} a_1x+b_1y=c_1 \\ a_2x+b_2y=c_2 \end{cases}$ $a_i,b_i,c_i \in \mathbb{R}, i=1,2$

Es gibt **drei Lösungsfälle**:

1. Fall: Die Lösungsmenge ist *einelementig* (eindeutige Lösbarkeit).
2. Fall: Die Lösungsmenge ist *leer* (Unlösbarkeit).
3. Fall: Die Lösungsmenge ist *unendlich.*

Rechnerische Methoden zur Lösung eines Gleichungssystems mit zwei Variablen

(1) Einsetzungs- oder Substitutionsmethode
(2) Gleichsetzungsmethode
(3) Methode der gleichen Koeffizienten
(4) GAUSS´sches Eliminationsverfahren = Verallgemeinerung der Methode (3)
(5) Determinantenmethode (CRAMER´sche Regel) im Fall eindeutiger Lösbarkeit.

Wert einer zweizeiligen Determinante: $D=\begin{vmatrix} a & c \\ b & d \end{vmatrix}=ad-bc$

Oft ist es zweckmäßig, ein lineares Gleichungssystem auf seine **eindeutige Lösbarkeit** zu untersuchen. Diese ist genau dann gegeben, wenn die *Systemdeterminante verschieden von null* ist.

Beispiel: Ermittle die Lösungsmenge des linearen Gleichungssystems $\begin{cases} 6x+y=1 \\ 2x+y=5 \end{cases}$ in $\mathbb{R}\times\mathbb{R}$.

Methode (1): $\begin{cases} 6x+y=1 \Rightarrow y=1-6x \text{ in die zweite Gleichung einsetzen!} \\ 2x+y=5 \Rightarrow 2x+(1-6x)=5 \Rightarrow -4x=4 \Rightarrow x=-1;\ y=1-6\cdot(-1)=7 \end{cases}$ $L=\{(-1/7)\}$

Methode (2): $\begin{cases} 6x+y=1 \Rightarrow y=1-6x \\ 2x+y=5 \Rightarrow y=5-2x \end{cases}$

Gleichsetzen ergibt: $1-6x=5-2x \Rightarrow -4x=4 \Rightarrow x=-1$
$y=1-6x=1-6\cdot(-1)=7$ $L=\{(-1/7)\}$

Methode (3): $\begin{cases} 6x+y=1 \,|\cdot 1 \\ 2x+y=5 \,|\cdot(-1) \end{cases} \Leftrightarrow \begin{cases} 6x+y=1 \\ -2x-y=-5 \end{cases}$

Addieren beider Gleichungen ergibt: $4x=-4 \Rightarrow x=-1$
$y=1-6x=1-6\cdot(-1)=7$ $L=\{(-1/7)\}$

Methode (4): $\begin{cases} 6x+y=1 \,|\cdot 1 \\ 2x+y=5 \,|\cdot(-3) \end{cases} \Leftrightarrow \begin{cases} 6x+y=1 \\ -6x-3y=-15 \end{cases} \Leftrightarrow \begin{cases} 6x+y=1 \\ -2y=-14 \Rightarrow y=7 \end{cases}$

Aus der 1. Gleichung folgt: $6x=1-y=-6 \Rightarrow x=-1$ $L=\{(-1/7)\}$

Methode (5): $D=\begin{vmatrix} 6 & 1 \\ 2 & 1 \end{vmatrix}=6\cdot1-2\cdot1=4;\ D_x=\begin{vmatrix} 1 & 1 \\ 5 & 1 \end{vmatrix}=1\cdot1-5\cdot1=-4;\ D_y=\begin{vmatrix} 6 & 1 \\ 2 & 5 \end{vmatrix}=6\cdot5-2\cdot1=28$

$x=\frac{D_x}{D}=\frac{-4}{4}=-1;\ y=\frac{D_y}{D}=\frac{28}{4}=7$ $L=\{(-1/7)\}$

Zur **Probe** werden die Lösungen an Stelle der Variablen in die gegebenen Gleichungen eingesetzt und nachgeprüft, ob sich wahre Aussagen ergeben.

1. Gleichung: $6\cdot(-1)+7=1$, $1=1\,|$ wahre Aussage

2. Gleichung: $2\cdot(-1)+7=5$, $5=5\,|$ wahre Aussage

Beispiele für eindeutig lösbare lineare Gleichungssysteme

(01) $\begin{cases} -2x+3y=-6 \\ -4x+y=-2 \end{cases}$ **Lösungsmenge:** $L=\{(0/-2)\}$

(02) $\begin{cases} 11x-7y=-4 \\ 7x-4y=-3 \end{cases}$ **Lösungsmenge:** $L=\{(-1/-1)\}$

(03) $\begin{cases} -2x+7y=1 \\ x-4y=-8 \end{cases}$ **Lösungsmenge:** $L=\{(52/15)\}$

(04) $\begin{cases} 2x+9y=-1 \\ x-6y=-10 \end{cases}$ **Lösungsmenge:** $L=\{(32/7)\}$

(05) $\begin{cases} 3x+4y=8 \\ -x-3y=-1 \end{cases}$ **Lösungsmenge:** $L=\{(4/-1)\}$

(06) $\begin{cases} -x-y=1 \\ 8x+5y=1 \end{cases}$ **Lösungsmenge:** $L=\{(2/-3)\}$

(07) $\begin{cases} -5x+6y=6 \\ 8x-11y=-4 \end{cases}$ **Lösungsmenge:** $L=\{(-6/-4)\}$

(08) $\begin{cases} -8x+10y=4 \\ 9x-11y=-10 \end{cases}$ **Lösungsmenge:** $L=\{(-28/-22)\}$

Beispiele für nicht eindeutig lösbare Gleichungssysteme:

(1) $\begin{cases} 3x-4y=-8 \;|\cdot(-2) \\ -6x+8y=16 \;|\cdot 1 \end{cases} \Leftrightarrow \begin{cases} -6x+8y=16 \\ -6x+8y=16 \end{cases}$ Das sind zwei identische Gleichungen!

Die Lösungsmenge des Systems ist unendlich, es gilt: $L=\left\{(x/y)\in\mathbb{R}\times\mathbb{R} \,\middle|\, y=\frac{3}{4}x+2\right\}$

(2) $\begin{cases} 3x-4y=5 \;|\cdot 2 \\ -6x+8y=-5 \;|\cdot 1 \end{cases} \Leftrightarrow \begin{cases} 6x-8y=10 \\ -6x+8y=-5 \end{cases}$

Addieren beider Gleichungen ergibt die falsche Aussage: $0=5$

Die Lösungsmenge des Systems ist leer, es gilt: $L=\{\ \}$. Das System ist unlösbar.

Beispiele:

(09) $\begin{cases} -2x+3y=-6 \\ 6x-9y=18 \end{cases}$ **Lösungsmenge ist unendlich:** $L=\left\{(x/y)\in\mathbb{R}\times\mathbb{R} \,\middle|\, y=\frac{2}{3}x-2\right\}$

(10) $\begin{cases} 14x-6y=-5 \\ -7x+3y=2.5 \end{cases}$ **Lösungsmenge ist unendlich:** $L=\left\{(x/y)\in\mathbb{R}\times\mathbb{R} \,\middle|\, y=\frac{7}{3}x+\frac{5}{6}\right\}$

(11) $\begin{cases} 3x-5y=9 \\ -12x+20y=-36 \end{cases}$ **Lösungsmenge ist unendlich:** $L=\left\{(x/y)\in\mathbb{R}\times\mathbb{R} \,\middle|\, y=\frac{3}{5}x-\frac{9}{5}\right\}$

(12) $\begin{cases} -4x-7y=8 \\ 12x+21y=-18 \end{cases}$ **Lösungsmenge ist leer:** $L=\{\ \}$. Das System ist unlösbar.

(13) $\begin{cases} 28x-6y=-15 \\ -14x+3y=15 \end{cases}$ **Lösungsmenge ist leer:** $L=\{\ \}$. Das System ist unlösbar.

(14) $\begin{cases} -17x+2y=0 \\ 34x-4y=10 \end{cases}$ **Lösungsmenge ist leer:** $L=\{\ \}$. Das System ist unlösbar.

Lineare Gleichungssysteme (3 Gleichungen mit 3 Variablen)

Normalform eines linearen Gleichungssystems $\begin{cases} \mathbf{a_1x + b_1y + c_1z = d_1} \\ \mathbf{a_2x + b_2y + c_2z = d_2} \\ \mathbf{a_3x + b_3y + c_3z = d_3} \end{cases}$ $a_i, b_i, c_i, d_i \in \mathbb{R}, i = 1,2,3$

Es gibt **vier Lösungsfälle**:

1. Fall: Die Lösungsmenge ist *einelementig* (eindeutige Lösbarkeit).
2. Fall: Die Lösungsmenge ist *zweiparametrig.*
3. Fall: Die Lösungsmenge ist *einparametrig.*
4. Fall: Die Lösungsmenge ist *leer.* (Unlösbarkeit).

Rechnerische Methoden zur Lösung eines Gleichungssystems mit drei Variablen

(1) Methode der gleichen Koeffizienten
(2) GAUSS´sches Eliminationsverfahren = Verallgemeinerung der Methode (1)
(3) Determinantenmethode (CRAMER´sche Regel) im Fall eindeutiger Lösbarkeit.

Im Folgenden werden nur eindeutig lösbare Gleichungssysteme behandelt, welche nach den Methoden (1) oder (2) aufgelöst werden.

Beispiel: Ermittle die Lösungsmenge des linearen Gleichungssystems $\begin{cases} x - 2y + 2z = 7 \\ 2x - 3y + z = 7 \\ 3x + 2y - 4z = 7 \end{cases}$ in $\mathbb{R} \times \mathbb{R} \times \mathbb{R}$.

Methode (1): Aus je zwei Gleichungen wird dieselbe Variable eliminiert. Man erhält ein lineares Gleichungssystem von 2 Gleichungen mit 2 Variablen.
Dieses wird nach einer der Methoden des vorigen Abschnitts gelöst.

$\mathrm{I}: x - 2y + 2z = 7 \mid \cdot 1 \quad \mid \cdot 2$
$\mathrm{II}: 2x - 3y + z = 7 \mid \cdot (-2)$
$\mathrm{III}: 3x + 2y - 4z = 7 \quad \mid \cdot 1$

$\mathrm{I'} = \mathrm{I} - 2 \cdot \mathrm{II}: -3x + 4y = -7 \mid \cdot 1$
$\mathrm{II'} = 2 \cdot \mathrm{I} + \mathrm{III}: 5x - 2y = 21 \mid \cdot 2$

$\mathrm{I'} + 2 \cdot \mathrm{II'}: 7x = 35 \Rightarrow x = 5$
$\mathrm{II'}: 5 \cdot 5 - 2y = 21 \Rightarrow 2y = 4 \Rightarrow y = 2$

Zur Berechnung von z setzt man den x-Wert und den y-Wert in eine der gegebenen Gleichungen ein:
z.B. in I: $5 - 2 \cdot 2 + 2z = 7 \Rightarrow 2z = 6 \Rightarrow z = 3$ Damit: $L = \{(5/2/3)\}$

Zur **Probe** werden die Lösungen an Stelle der Variablen in die gegebenen Gleichungen eingesetzt und nachgeprüft, ob sich wahre Aussagen ergeben.

1. Gl.: $5 - 2 \cdot 2 + 2 \cdot 3 = 7$, $7 = 7 \mid$ w.A.
2. Gl.: $2 \cdot 5 - 3 \cdot 2 + 3 = 7$, $7 = 7 \mid$ w.A.
3. Gl.: $3 \cdot 5 + 2 \cdot 2 - 4 \cdot 3 = 7$, $7 = 7 \mid$ w.A.

Beispiele:

(1) $\begin{cases} 3x - 8y + z = -6 \\ -6x + 10y + 7z = 9 \\ 8x - 12y + 2z = 2 \end{cases}$ **Lösungsmenge:** $L = \{(3/2/1)\}$

(2) $\begin{cases} 5x + 4y + z = 10 \\ x + 7y + 6z = -3 \\ -x - y + z = -6 \end{cases}$ **Lösungsmenge:** $L = \{(1/2/-3)\}$

(3) $\begin{cases} -2x + y + 6z = -10 \\ -3x - y + 3z = 5 \\ -4x - 5y - 2z = 8 \end{cases}$ **Lösungsmenge:** $L = \{(-17/16/-10)\}$

Beispiel: Ermittle die Lösungsmenge des lin. Gleichungssystems $\begin{cases} 3x - 8y + z = -6 \\ -6x + 10y + 7z = 9 \\ 4x - 6y + z = 1 \end{cases}$ in $\mathbb{R} \times \mathbb{R} \times \mathbb{R}$.

Methode (2): Eine Gleichung (oder ein Vielfaches derselben) bleibt stehen.
Zu den beiden anderen Gleichungen wird ein geeignetes Vielfaches dieser Gleichung addiert, sodass die erste Variable (hier x) verschwindet.

$$\begin{array}{rll} 3x - 8y + z = -6 & |\cdot 2 & |\cdot(-4) \\ -6x + 10y + 7z = 9 & |\cdot 1 & \\ 4x - 6y + z = 1 & & |\cdot 3 \end{array} \qquad \begin{array}{rl} 3x - 8y + z = -6 & \\ -6y + 9z = -3 & |\cdot 7 \\ 14y - z = 27 & |\cdot 3 \end{array}$$

Nun eliminiert man aus der letzten Gleichung die Variable y.

$$\begin{array}{r} 3x - 8y + z = -6 \\ -6y + 9z = -3 \\ 60z = 60 \end{array}$$

Das Gleichungssystem erscheint in übersichtlicher **Diagonalform** und kann - mit der letzten Gleichung beginnend - schrittweise gelöst werden.

$z = 1$
$-6y = -3 - 9z = -3 - 9 = -12 \Rightarrow y = 2$
$3x = -6 + 8y - z = -6 + 16 - 1 = 9 \Rightarrow x = 3$

$L = \{(3/2/1)\}$

Zur **Probe** werden die Lösungen an Stelle der Variablen in die gegebenen Gleichungen eingesetzt und nachgeprüft, ob sich wahre Aussagen ergeben.

1. Gl.: $3 \cdot 3 - 8 \cdot 2 + 1 = -6$, $-6 = -6$ w. A.
2. Gl.: $-6 \cdot 3 + 10 \cdot 2 + 7 = 9$, $9 = 9$ w. A.
3. Gl.: $4 \cdot 3 - 6 \cdot 2 + 1 = 1$, $1 = 1$ w. A.

Beispiele:

(4) $\begin{cases} 2x + 9y - 2z = 3 \\ 5x - 2y + 2z = -3 \\ 7x + 12y - z = 3 \end{cases}$ **Lösungsmenge:** $L = \{(-1/1/2)\}$

(5) $\begin{cases} -3x + 12y - 3z = 9 \\ -x + 9y - 7z = -9 \\ x - 10y + 2z = -1 \end{cases}$ **Lösungsmenge:** $L = \{(-5/0/2)\}$

(6) $\begin{cases} -2x + 12y - 5z = -7 \\ 4x + 7y - 5z = 8 \\ 9x + 4y - 7z = -7 \end{cases}$ **Lösungsmenge:** $L = \{(10/9/19)\}$

(7) $\begin{cases} -5x + 8y - 4z = 2 \\ 8x - 8y - 2z = 4 \\ 5y - 6z = -9 \end{cases}$ **Lösungsmenge:** $L = \{(-10/-9/-6)\}$

(8) $\begin{cases} 6x + 10y - 3z = 5 \\ -6x - 4y + 3z = 7 \\ -4x - 12y - 3z = 1 \end{cases}$ **Lösungsmenge:** $L = \{(-4/2/-3)\}$

(9) $\begin{cases} 9x + 10y + 5z = 4 \\ x + 3y = 3 \\ 3x + y + 2z = -5 \end{cases}$ **Lösungsmenge:** $L = \{(-9/4/9)\}$

Gleichungen dritten Grades (Symmetrische Gleichungen 3. Grades)

1. Art: $ax^3 \pm bx^2 \pm bx + a = 0$; $a,b \in \mathbb{R}\setminus\{0\}$. gleiche Koeffizienten	$x = -1$ ist Lösung. Abspalten des Linearfaktors $(x+1)$ führt auf eine quadratische Gleichung.
2. Art: $ax^3 \pm bx^2 \mp bx - a = 0$; $a,b \in \mathbb{R}\setminus\{0\}$. Koeffizienten unterscheiden sich durch die Vorzeichen	$x = 1$ ist Lösung. Abspalten des Linearfaktors $(x-1)$ führt auf eine quadratische Gleichung.

Beispiel: Löse die symmetrische Gleichung 1. Art $5x^3 + 31x^2 + 31x + 5 = 0$ in $\mathbb{R}$.

$x_1 = -1$ ist Lösung.

Abspalten des Linearfaktors $(x+1)$ führt auf eine quadratische Gleichung.

$$(5x^3 + 31x^2 + 31x + 5) : (x+1) = 5x^2 + 26x + 5$$

$$\underline{\pm 5x^3 \pm 5x^2}$$

$$26x^2 + 31x$$

$$\underline{\pm 26x^2 \pm 26x}$$

$$5x + 5$$

$$\underline{\pm 5x \pm 5}$$

$$0 \text{ Rest}$$

$$5x^2 + 26x + 5 = 0$$

$$x_{2,3} = \frac{-26 \pm \sqrt{676 - 100}}{10} = \frac{-26 \pm \sqrt{576}}{10} = \frac{-26 \pm 24}{10}$$

$$x_2 = \frac{-26 + 24}{10} = -\frac{2}{10} = -\frac{1}{5};\; x_3 = \frac{-26 - 24}{10} = -\frac{50}{10} = -5$$

$$L = \left\{-1, -\frac{1}{5}, -5\right\}$$

Weitere Beispiele:

(01) $8x^3 + 73x^2 + 73x + 8 = 0$ **Lösungsmenge:** $L = \left\{-1, -\frac{1}{8}, -8\right\}$

(02) $9x^3 - 21x^2 - 21x + 9 = 0$ **Lösungsmenge:** $L = \left\{-1, \frac{1}{3}, 3\right\}$

(03) $-4x^3 - 13x^2 + 13x + 4 = 0$ **Lösungsmenge:** $L = \left\{1, -\frac{1}{4}, -4\right\}$

(04) $5x^3 + 21x^2 - 21x - 5 = 0$ **Lösungsmenge:** $L = \left\{1, -\frac{1}{5}, -5\right\}$

(05) $-17x^3 - 273x^2 + 273x + 17 = 0$ **Lösungsmenge:** $L = \left\{1, -\frac{1}{17}, -17\right\}$

(06) $12x^3 - 62x^2 - 62x + 12 = 0$ **Lösungsmenge:** $L = \left\{-1, \frac{1}{6}, 6\right\}$

Gleichungen dritten Grades (Kubische Gleichungen)

Gleichungen vom Typ: $ax^3 + bx^2 + cx + d = 0$; $a,b,c,d \in \mathbb{Z}\setminus\{0\}$

Falls ganzzahlige Lösungen existieren, sind sie Teiler des konstanten Gliedes d.
Abspalten des zugehörigen Linearfaktors führt auf eine quadratische Gleichung.

Beispiel: Löse die kubische Gleichung $2x^3 - 6x^2 - 8x + 24 = 0$ in $\mathbb{Z}$.

Als ganzzahlige Lösungen kommen in Frage $\{\pm1, \pm2, \pm3, \pm4, \pm6, \pm8, \pm12, \pm24\}$.

$x = 2$ ist wegen $(16 - 24 - 16 + 24 = 0)$ eine Lösung dieser Gleichung.

Abspalten des Linearfaktors $(x - 2)$ führt auf eine quadratische Gleichung.

$$(2x^3 - 6x^2 - 8x + 24) : (x - 2) = 2x^2 - 2x - 12$$
$$\underline{\pm 2x^3 \mp 4x^2}$$
$$-2x^2 - 8x$$
$$\underline{\mp 2x^2 \pm 4x}$$
$$-12x + 24$$
$$\underline{\mp 12x \pm 24}$$
$$0$$

$$2x^2 - 2x - 12 = 0 \,|\, : 2$$
$$x^2 - x - 6 = 0$$
$$x_{1,2} = \frac{1}{2} \pm \sqrt{\frac{1}{4} + 6} = \frac{1}{2} \pm \sqrt{\frac{25}{4}} = \frac{1}{2} \pm \frac{5}{2}$$
$$x_1 = \frac{6}{2} = 3,\ x_2 = -\frac{4}{2} = -2$$

Lösungsmenge: $L = \{-2, 2, 3\}$

Weitere Beispiele:

(07) $x^3 - 11x^2 - 14x + 24 = 0$ **Lösungsmenge:** $L = \{-2, 1, 12\}$

(08) $9x^3 - 27x^2 - 9x + 27 = 0$ **Lösungsmenge:** $L = \{-1, 1, 3\}$

(09) $x^3 - 3x^2 - 16x - 12 = 0$ **Lösungsmenge:** $L = \{-2, -1, 6\}$

(10) $-x^3 - 2x^2 + 9x + 18 = 0$ **Lösungsmenge:** $L = \{-3, -2, 3\}$

(11) $-x^3 + 6x^2 + 1x - 30 = 0$ **Lösungsmenge:** $L = \{-2, 3, 5\}$

(12) $x^3 - 5x^2 - 17x + 21 = 0$ **Lösungsmenge:** $L = \{-3, 1, 7\}$

Gleichungen vom Typ: $ax^3 + bx^2 + cx = 0$; $a,b,c \in \mathbb{R}\setminus\{0\}$

Durch Herausheben von x erhält man ein Produkt von zwei Faktoren mit dem Wert Null.
Die Lösungen dieser kubischen Gleichung erhält man, wenn man diese Faktoren gleich null setzt.

Beispiel: Löse die kubische Gleichung $x^3 - 3x^2 - 54x = 0$ in $\mathbb{R}$.

$x^3 - 3x^2 - 54x = 0 \,|\,$ x herausheben

$x(x^2 - 3x - 54) = 0 \,|\,$ Beide Faktoren gleich null setzen

$x_1 = 0;\ x^2 - 3x - 54 = 0 \Rightarrow x_{2,3} = 1{,}5 \pm \sqrt{2{,}25 + 54} = 1{,}5 \pm 7{,}5 \Rightarrow x_2 = 9; x_3 = -6$

Lösungsmenge: $L = \{-6, 0, 9\}$

Weitere Beispiele:

(13) $x^3 - 8x^2 + 15x = 0$ **Lösungsmenge:** $L = \{0, 5, 3\}$

(14) $-4x^3 + 3x^2 + 7x = 0$ **Lösungsmenge:** $L = \{0, -1, 1.75\}$

(15) $x^3+9x^2+8x=0$ **Lösungsmenge:** $L=\{0,-1,-8\}$

(16) $-x^3+12x^2+13x=0$ **Lösungsmenge:** $L=\{0,-1,13\}$

(17) $x^3-7x^2+10x=0$ **Lösungsmenge:** $L=\{0,2,5\}$

(18) $2x^3+9x^2+9x=0$ **Lösungsmenge:** $L=\{0,-1.5,-3\}$

Gleichungen vierten Grades (Biquadratische Gleichungen)

Gleichungen vom Typ: $ax^4+bx^2+c=0$; $a\neq 0, b, c\in\mathbb{R}$
Die **Substitution $x^2=u$** führt auf die quadratische Gleichung $\mathbf{au^2+bu+c=0}$.
Setzt man die Lösungen dieser Gleichung in die Substitutionsgleichung ein, erhält man die Lösungen der ursprünglichen Gleichung.

Beispiel: Ermittle die Lösungsmenge der biquadratische Gleichung $x^4-17x^2+16=0$ in $\mathbb{R}$.

Die Substitution $x^2=u$ führt auf die quadratische Gleichung $u^2-17u+16=0$.

$u^2-17u+16=0$

$$u_{1,2}=\frac{17}{2}\pm\sqrt{\frac{289}{4}-16}=\frac{17}{2}\pm\sqrt{\frac{225}{4}}=\frac{17}{2}\pm\frac{15}{2}$$

$u_1=16,$ $u_2=1$ Werte von u in die Substitutionsgleichung $x^2=u$ einsetzen.

$x^2=16$ $x^2=1$

$x_1=4, x_2=-4$ $x_3=1, x_4=-1$

Lösungsmenge: $L=\{-4,-1,1,4\}$

Weitere Beispiele:

(19) $x^4-5x^2+4=0$ **Lösungsmenge:** $L=\{-2,-1,1,2\}$

(20) $x^4-8x^2+16=0$ **Lösungsmenge:** $L=\{-2^{(2)},2^{(2)}\}$

(21) $x^4-10x^2+9=0$ **Lösungsmenge:** $L=\{-3,-1,1,3\}$

(22) $x^4-50x^2+49=0$ **Lösungsmenge:** $L=\{-7,-1,1,7\}$

(23) $x^4-37x^2+36=0$ **Lösungsmenge:** $L=\{-6,-1,1,6\}$

(24) $x^4-18x^2+81=0$ **Lösungsmenge:** $L=\{-3^{(2)},3^{(2)}\}$

(25) $x^4-13x^2+36=0$ **Lösungsmenge:** $L=\{-3,-2,2,3\}$

(26) $x^4-20x^2+64=0$ **Lösungsmenge:** $L=\{-4,-2,2,4\}$

(27) $x^4-26x^2+25=0$ **Lösungsmenge:** $L=\{-5,-1,1,5\}$

(28) $x^4-82x^2+81=0$ **Lösungsmenge:** $L=\{-9,-1,1,9\}$

(29) $x^4-65x^2+64=0$ **Lösungsmenge:** $L=\{-8,-1,1,8\}$

— Gleichungen vierten Grades (Symmetrische Gleichungen 4. Grades) —

Gleichungen vom Typ: $\mathbf{ax^4 \pm bx^3 \pm cx^2 \pm bx + a = 0}$; $a, b \in \mathbb{R} \setminus \{0\}, c \in \mathbb{R}$.

gleiche Koeffizienten

Nach Umformungen erhält man eine Gleichung der Gestalt: $a\left(x^2 + \frac{1}{x^2}\right) \pm b\left(x + \frac{1}{x}\right) \pm c = 0$.

Durch die **Substitution** $\mathbf{x + \frac{1}{x} = u}$ und damit $\mathbf{x^2 + \frac{1}{x^2} = u^2 - 2}$ bekommt man eine quadratische Gleichung mit der Variablen u. Setzt man die Lösungen dieser Gleichung wieder in die Substitutionsgleichung $x + \frac{1}{x} = u$ ein, erhält man die Lösungen der ursprünglichen Gleichung.

Beispiel: Löse die symmetrische Gleichung $6x^4 + 5x^3 - 38x^2 + 5x + 6 = 0$ in $\mathbb{R}$.

$$6x^4 + 5x^3 - 38x^2 + 5x + 6 = 0 \;\Big|\; : x^2 \neq 0$$

$$6x^2 + 5x - 38 + \frac{5}{x} + \frac{6}{x^2} = 0$$

$$6 \cdot \left(x^2 + \frac{1}{x^2}\right) + 5 \cdot \left(x + \frac{1}{x}\right) - 38 = 0$$

$$6 \cdot \left(u^2 - 2\right) + 5u - 38 = 0$$

$$6u^2 + 5u - 50 = 0$$

$$u_{1,2} = \frac{-5 \pm \sqrt{25 + 1200 \quad \}= 35}}{12}$$

$$u_{1,2} = \frac{-5 \pm 35}{12}$$

$$u_1 = \frac{5}{2};\; u_2 = -\frac{10}{3}$$

$$x + \frac{1}{x} = \frac{5}{2} \;\Big|\; \cdot 2x$$

$$2x^2 + 2 = 5x$$

$$2x^2 - 5x + 2 = 0$$

$$x_{1,2} = \frac{5 \pm \sqrt{25 - 16 \quad \} = 3}}{4}$$

$$x_1 = 2;\; x_2 = \frac{1}{2}$$

$$x + \frac{1}{x} = -\frac{10}{3} \;\Big|\; \cdot 3x$$

$$3x^2 + 3 = -10x$$

$$3x^2 + 10x + 3 = 0$$

$$x_{3,4} = \frac{-10 \pm \sqrt{100 - 36 \quad \} = 8}}{6}$$

$$x_3 = -\frac{1}{3};\; x_4 = -3$$

$$L = \left\{-3; -\frac{1}{3}; \frac{1}{2}; 2\right\}$$

Weitere Beispiele:

(30) $6x^4 - 35x^3 + 62x^2 - 35x + 6 - 0$ **Lösungsmenge:** $L = \left\{3; \frac{1}{3}; \frac{1}{2}; 2\right\}$

(31) $5x^4 + 16x^3 - 42x^2 + 16x + 5 = 0$ **Lösungsmenge:** $L = \left\{-5; -\frac{1}{5}; 1^{(2)}\right\}$

(32) $8x^4 - 54x^3 + 101x^2 - 54x + 8 = 0$ **Lösungsmenge:** $L = \left\{4; \frac{1}{4}; \frac{1}{2}; 2\right\}$

(33) $3x^4 + 16x^3 + 26x^2 + 16x + 3 = 0$ **Lösungsmenge:** $L = \left\{-3; -\frac{1}{3}; -1^{(2)}\right\}$

(34) $4x^4 + 20x^3 + 33x^2 + 20x + 4 = 0$ **Lösungsmenge:** $L = \left\{-2^{(2)}; -\frac{1^{(2)}}{2}\right\}$

(35) $12x^4 + 104x^3 + 209x^2 + 104x + 12 = 0$ **Lösungsmenge:** $L = \left\{-6; -\frac{1}{6}; -\frac{1}{2}; -2\right\}$

Gleichungen vierten Grades (Allgemeine Gleichungen 4. Grades)

Gleichungen vom Typ: $ax^4 + bx^3 + cx^2 + dx + e = 0$; $a \neq 0, b, c, d, e \in \mathbb{Z}$.
Falls *ganzzahlige* Lösungen existieren, sind sie Teiler des konstanten Gliedes e.
Abspalten der zugehörigen Linearfaktoren führt schließlich auf eine quadratische Gleichung.

Beispiel: Löse die allgemeine Gleichung 4. Grades $x^4 - 9x^3 + 13x^2 + 9x - 14 = 0$ in $\mathbb{Z}$.
Als ganzzahlige Lösungen kommen in Frage $\{\pm 1, \pm 2, \pm 7, \pm 14\}$.
Durch Probieren erhält man die Lösungen $x_1 = 1$ und $x_2 = -1$.
Spaltet man das Produkt der Linearfaktoren $(x-1)\cdot(x+1) = x^2 - 1$ ab, so erhält man eine quadratische Gleichung mit den weiteren Lösungen.

$$\begin{array}{l}
(x^4 - 9x^3 + 13x^2 + 9x - 14) : (x^2 - 1) = x^2 - 9x + 14 \\
\underline{\pm x^4 \qquad \mp x^2} \\
\qquad -9x^3 + 14x^2 + 9x \\
\qquad \underline{\mp 9x^3 \qquad\quad \pm 9x} \\
\qquad\qquad 14x^2 \quad -14 \\
\qquad\qquad \underline{\pm 14x^2 \quad \mp 14} \\
\qquad\qquad\qquad 0
\end{array}$$

$x^2 - 9x + 14 = 0$

$$x_{3,4} = \frac{9}{2} \pm \sqrt{\frac{81}{4} - 14} = \frac{9}{2} \pm \sqrt{\frac{25}{4}} = \frac{9}{2} \pm \frac{5}{2}$$

$x_3 = 7, x_4 = 2$

Lösungsmenge: $L = \{-1; 1; 2; 7\}$

Weitere Beispiele:

(36) $x^4 + 4x^3 - 9x^2 - 16x + 20 = 0$ **Lösungsmenge:** $L = \{-5; -2; 1; 2\}$

(37) $x^4 + 11x^3 + 17x^2 - 11x - 18 = 0$ **Lösungsmenge:** $L = \{-9; -2; -1; 1\}$

(38) $2x^4 - 4x^3 - 18x^2 + 4x + 16 = 0$ **Lösungsmenge:** $L = \{-2; -1; 1; 4\}$

(39) $x^4 + 5x^3 - 7x^2 - 5x + 6 = 0$ **Lösungsmenge:** $L = \{-6; -1; 1^{(2)}\}$

(40) $5x^4 + 10x^3 - 20x^2 - 10x + 15 = 0$ **Lösungsmenge:** $L = \{-3; -1; 1^{(2)}\}$

Gleichungen n-ten Grades mit einer Variablen

Gleichungen vom Typ: $a_n x^n + a_{n-1} x^{n-1} + \ldots + a_1 x + a_0 = 0$; $a_n \neq 0, a_i \in \mathbb{R}, n \in \mathbb{N}^*$
Die **rationalen Lösungen** einer Gleichung n-ten Grades mit *ganzzahligen* Koeffizienten sind von der **Gestalt $\frac{p}{q}$**, wobei p ein Teiler von a_0 und q ein Teiler von a_n ist.
Dieser Satz ist wichtig, wenn man **Lösungen durch Probieren** finden will.

Beispiel: Ermittle die rationalen Lösungen der Gleichung $2x^4 - x^3 - 11x^2 + 4x + 12 = 0$.
Als rationale Lösungen kommen in Frage $\{\pm 1, \pm 2, \pm 3, \pm 4, \pm 6, \pm 12, \pm \frac{1}{2}, \pm \frac{3}{2}\}$.
Welche dieser Zahlen tatsächlich Lösungen sind, überprüft man nach dem Verfahren von **HORNER**.

x	2	−1	−11	4	12	Berechnungen
1	2	1	−10	−6	$6 \neq 0$	$1\cdot 2 - 1 = 1, 1\cdot 1 - 11 = -10, 1\cdot(-10) + 4 = -6, 1\cdot(-6) + 12 = 6 \neq 0$
−1	2	−3	−8	12	$0 \Rightarrow -1 \in L$	$-1\cdot 2 - 1 = -3, -1\cdot(-3) - 11 = -8, -1\cdot(-8) + 4 = 12, -1\cdot 12 + 12 = 0$
2	2	3	−5	−6	$0 \Rightarrow 2 \in L$	⋮
−2	2	−5	−1	6	$0 \Rightarrow -2 \in L$	⋮
3	2	5	4	16	$60 \neq 0$	
.						
.						
$\frac{3}{2}$	2	2	−8	−8	$0 \Rightarrow \frac{3}{2} \in L$	$L = \{-2, -1, \frac{3}{2}, 2\}$

Weitere Beispiele:

(41) $3x^4 - 13x^3 + 7x^2 + 17x - 6 = 0$ **Lösungsmenge:** $L = \left\{-1; \frac{1}{3}; 2; 3\right\}$

(42) $5x^4 - 16x^3 - 62x^2 + 88x - 15 = 0$ **Lösungsmenge:** $L = \left\{-3; \frac{1}{5}; 1; 5\right\}$

(43) $4x^4 + 27x^3 - 7x^2 - 144x + 36 = 0$ **Lösungsmenge:** $L = \left\{-6; -3; \frac{1}{4}; 2\right\}$

(44) $2x^4 + 7x^3 - 26x^2 - 49x + 30 = 0$ **Lösungsmenge:** $L = \left\{-5; -2; \frac{1}{2}; 3\right\}$

Sind $x_1, x_2 \ldots, x_n$ die Lösungen einer Gleichung n-ten Grades, dann lässt sich die linke Seite der **Gleichung als ein Produkt von n Linearfaktoren** darstellen:

$$\mathbf{a_n x^n + a_{n-1} x^{n-1} + \ldots + a_1 x + a_0 = a_n (x - x_1)(x - x_2) \cdots (x - x_n)}$$

Das der Gleichung zugeordnete *Polynom* ist durch jeden Linearfaktor *teilbar*.

Die obige Gleichung dient auch dazu, um aus den Lösungen die zugehörige Gleichung zu ermitteln.

Beispiel: Stelle die linke Seite der Gleichung $x^4 + 8x^3 + 7x^2 - 36x - 36 = 0$ als Produkt von Linearfaktoren dar.

Als ganzzahlige Lösungen kommen in Frage $\{\pm 1, \pm 2, \pm 3, \pm 4 \pm 6, \pm 9, \pm 12, \pm 18, \pm 36\}$.

Durch Probieren erhält man die Lösungen $x_1 = -1$ und $x_2 = 2$.

Spaltet man das Produkt der Linearfaktoren $(x+1) \cdot (x-2) = x^2 - x - 2$ ab[1], so erhält man eine die quadratische Gleichung $x^2 + 9x + 18 = 0$ mit den Lösungen $x_3 = -3$ und $x_4 = -6$.

Ergebnis: $x^4 + 8x^3 + 7x^2 - 36x - 36 = (x+1)(x-2)(x+3)(x+6)$

Weitere Beispiele:

(45) $x^4 + 7x^3 - 7x^2 - 43x + 42 = 0$ **Lösung:** $(x+3)(x+7)(x-2)(x-1)$

(46) $3x^4 - 24x^3 + 42x^2 + 24x - 45 = 0$ **Lösung:** $3(x+1)(x-5)(x-3)(x-1)$

(47) $2x^4 - 12x^3 + 6x^2 + 52x - 48 = 0$ **Lösung:** $2(x+2)(x-4)(x-3)(x-1)$

(48) $4x^4 - 16x^3 + 12x^2 + 16x - 16 = 0$ **Lösung:** $4(x+1)(x-1)(x-2)^2$

Beispiel: Ermittle die Gleichung 4. Grades mit den Lösungen $x_1 = -3, x_2 = -2, x_3 = 1, x_4 = 6$.

$$(x+3)(x+2)(x-1)(x-6) = 0$$

$$(x^2 + 5x + 6)(x^2 - 7x + 6) = 0$$

$$x^4 + 5x^3 + 6x^2 - 7x^3 - 35x^2 - 42x + 6x^2 + 30x + 36 = 0$$

$$x^4 - 2x^3 - 23x^2 - 12x + 36 = 0 \quad \text{gesuchte Gleichung 4. Grades}$$

Weitere Beispiele:

(49) $x_1 = -3, x_2 = -2, x_3 = 1, x_4 = 2$ **Lösung:** $x^4 + 2x^3 - 7x^2 - 8x + 12 = 0$

(50) $x_1 = -3, x_2 = -1, x_3 = 2, x_4 = 4$ **Lösung:** $x^4 - 2x^3 - 13x^2 + 14x + 24 = 0$

(51) $x_1 = -5, x_2 = -1, x_3 = 2, x_4 = 4$ **Lösung:** $x^4 - 23x^3 + 18x + 40 = 0$

(52) $x_1 = -5, x_2 = -3, x_3 = 1, x_4 = 6$ **Lösung:** $x^4 + x^3 - 35x^2 - 57x + 90 = 0$

---

[1] $(x^4 + 8x^3 + 7x^2 - 36x - 36) : (x^2 - x - 2) = x^2 + 9x + 18$

Wurzelgleichungen (Beschränkung auf Quadratwurzeln)

Wurzelgleichungen sind Gleichungen, die Terme enthalten, bei denen die Variable unter dem Wurzelzeichen vorkommt. Das **Lösen von Wurzelgleichungen** erfolgt **in drei Schritten**:

(1) Bestimmung der Definitionsmenge D aus der Bedingung, dass die Radikanden ≥ 0 sein müssen.

(2) Rechnerische Lösung durch einmaliges oder mehrmaliges Quadrieren.

(3) Für jede erhaltene Lösung muss die Probe gemacht werden, da das Quadrieren keine Äquivalenzumformung ist. (Lösungen können dazukommen, die keine Lösungen der Wurzelgleichung sind). Beachte auch, dass unter dem Symbol $\sqrt{\ }$ nur der positive Wert gemeint ist.

Wurzelgleichungen, die mit einmaligem Quadrieren zu lösen sind

Typ 1: $\sqrt{ax+b}=cx+d$ **; Typ 2:** $\sqrt{ax+b}=\sqrt{cx+d}$ **;**

Beispiel: Löse in $\mathbb{R}: \sqrt{x-5}=4$ **(Typ 1)**

(1) $x-5 \geq 0 \Rightarrow x \geq 5;\ D=\{x \in \mathbb{R} | x \geq 5\}$

(2) $\sqrt{x-5}=4 \mid$ Quadrieren

$x-5=16 \Rightarrow x=21$

(3) $\sqrt{21-5}=4 \Leftrightarrow \sqrt{16}=4 \Leftrightarrow 4=4$ w.A. $\Rightarrow 21$ ist Lösung. $L=\{21\}$

Weitere Beispiele:

(01) $\sqrt{x+7}=2$ **Ergebnisse:** $D=\{x \in \mathbb{R} | x \geq -7\}; L=\{-3\}$

(02) $\sqrt{3-2x}=5$ **Ergebnisse:** $D=\{x \in \mathbb{R} | x \leq 1.5\}; L=\{-11\}$

(03) $\sqrt{-3x-5}=4$ **Ergebnisse:** $D=\{x \in \mathbb{R} | x \leq -\frac{5}{3}\}; L=\{-7\}$

(04) $\sqrt{2x-7}=2$ **Ergebnisse:** $D=\{x \in \mathbb{R} | x \geq 3{,}50\}; L=\{5{,}50\}$

Beispiel: Löse in $\mathbb{R}: \sqrt{x+2}=-3x-2$ **(Typ 1)**

(1) $x+2 \geq 0 \Rightarrow x \geq -2;\ D=\{x \in \mathbb{R} | x \geq -2\}$

(2) $\sqrt{x+2}=-3x-2 \mid$ Gleichung quadrieren

$$x+2=(-3x-2)^2$$
$$x+2=9x^2+12x+4$$
$$9x^2+11x+2=0$$
$$x_{1,2}=\frac{-11 \pm \sqrt{121-72}}{18}=\frac{-11 \pm 7}{18} \Rightarrow x_1=-\frac{2}{9}, x_2=-1$$

(3) $\sqrt{-\frac{2}{9}+2}=-3 \cdot (-\frac{2}{9})-2 \Leftrightarrow \sqrt{\frac{16}{9}}=\frac{6}{9}-2 \Leftrightarrow \frac{4}{3}=-\frac{4}{3}$ f.A. $\Rightarrow -\frac{2}{9}$ ist keine Lösung!

$\sqrt{-1+2}=-3 \cdot (-1)-2 \Leftrightarrow \sqrt{1}=1 \Leftrightarrow 1=1$ w.A. $\Rightarrow -1$ ist Lösung. $L=\{-1\}$

Weitere Beispiele:

(05) $\sqrt{4x-3}=3x-2$ **Ergebnisse:** $D=\{x \in \mathbb{R} | x \geq 0.75\}; L=\{\frac{7}{9}, 1\}$

(06) $\sqrt{4x-4}=2x-2$ **Ergebnisse:** $D=\{x \in \mathbb{R} | x \geq 1\}; L=\{1, 2\}$

(07) $\sqrt{5x+1}=x-1$ **Ergebnisse:** $D=\{x \in \mathbb{R} | x \geq -0{,}20\}; L=\{7\}$

(08) $\sqrt{5x+4}=2x+2$ **Ergebnisse:** $D=\{x\in\mathbb{R}|x\geq -0.80\};L=\{-0.75,0\}$

(09) $\sqrt{5x+9}=5x+3$ **Ergebnisse:** $D=\{x\in\mathbb{R}|x\geq -1\};L=\{0\}$

(10) $\sqrt{3x+1}=x+1$ **Ergebnisse:** $D=\{x\in\mathbb{R}|x\geq -\frac{1}{3}\};L=\{0,1\}$

(11) $\sqrt{-4x+2}=2x-1$ **Ergebnisse:** $D=\{x\in\mathbb{R}|x\geq 0.50\};L=\{0.50\}$

(12) $\sqrt{4x-7}=2x-3$ **Ergebnisse:** $D=\{x\in\mathbb{R}|x\geq 1.75\};L=\{2\}$

Beispiel: Löse in $\mathbb{R}:\sqrt{x-3}=\sqrt{-x+5}$ **(Typ 2)**

(1) $\left.\begin{array}{l} x-3\geq 0\Rightarrow x\geq 3\\ -x+5\geq 0\Rightarrow x\leq 5\end{array}\right\}\Rightarrow D=\{x\in\mathbb{R}|3\leq x\leq 5\}$

(2) $\sqrt{x-3}=\sqrt{-x+5}$ | Quadrieren

$x-3=-x+5$

$2x=8$

$x=4$

(3) $\sqrt{4-3}=\sqrt{-4+5}\Leftrightarrow\sqrt{1}=\sqrt{1}\Leftrightarrow 1=1$ w.A. $\Rightarrow 4$ ist Lösung. $L=\{4\}$

Weitere Beispiele:

(13) $\sqrt{x+7}=\sqrt{5x-1}$ **Ergebnisse:** $D=\{x\in\mathbb{R}|x\geq 0.20\};L=\{2\}$

(14) $\sqrt{x+5}=\sqrt{-4x}$ **Ergebnisse:** $D=\{x\in\mathbb{R}|-5\leq x\leq 0\};L=\{-1\}$

(15) $\sqrt{-x+6}=\sqrt{x+2}$ **Ergebnisse:** $D=\{x\in\mathbb{R}|-2\leq x\leq 6\};L=\{2\}$

(16) $\sqrt{3x-2}=\sqrt{2x-1}$ **Ergebnisse:** $D=\{x\in\mathbb{R}|x\geq \frac{2}{3}\};L=\{1\}$

(17) $\sqrt{-3x-5}=\sqrt{-x+1}$ **Ergebnisse:** $D=\{x\in\mathbb{R}|x\leq -\frac{5}{3}\};L=\{-3\}$

(18) $\sqrt{-3x-6}=\sqrt{2x+4}$ **Ergebnisse:** $D=\{-2\};L=\{-2\}$

(19) $\sqrt{-9x-9}=\sqrt{-7x+1}$ **Ergebnisse:** $D=\{x\in\mathbb{R}|x\leq -1\};L=\{-5\}$

(20) $\sqrt{-4x-7}=\sqrt{-3x-5}$ **Ergebnisse:** $D=\{x\in\mathbb{R}|x\leq -1.75\};L=\{-2\}$

(21) $\sqrt{5x-4}=\sqrt{x+9}$ **Ergebnisse:** $D=\{x\in\mathbb{R}|x\geq 0.80\};L=\{3.25\}$

(22) $\sqrt{-x+3}=\sqrt{4x+8}$ **Ergebnisse:** $D=\{x\in\mathbb{R}|-2\leq x\leq 3\};L=\{-1\}$

(23) $\sqrt{2x+5}=\sqrt{-4x-7}$ **Ergebnisse:** $D=\{x\in\mathbb{R}|-2.5\leq x\leq -1.75\};L=\{-2\}$

(24) $\sqrt{2x+2}=\sqrt{3x+1}$ **Ergebnisse:** $D=\{x\in\mathbb{R}|x\geq -\frac{1}{3}\};L=\{1\}$

(25) $\sqrt{3x+7}=\sqrt{4x+9}$ **Ergebnisse:** $D=\{x\in\mathbb{R}|x\geq -2.25\};L=\{-2\}$

(26) $\sqrt{x-7}=\sqrt{-x+9}$ **Ergebnisse:** $D=\{x\in\mathbb{R}|7\leq x\leq 9\};L=\{8\}$

(27) $\sqrt{-8x-4}=\sqrt{-6x+6}$ **Ergebnisse:** $D=\{x\in\mathbb{R}|x\leq -0.50\};L=\{-5\}$

(28) $\sqrt{3x+7}=\sqrt{-5x-9}$ **Ergebnisse:** $D=\{x\in\mathbb{R}|-\frac{7}{3}\leq x\leq -\frac{9}{5}\};L=\{-2\}$

Wurzelgleichungen, die mit zweimaligem Quadrieren zu lösen sind

Typ 3: $\sqrt{ax+b}+\sqrt{cx+d}=e$; **Typ 4:** $\sqrt{ax+b}-\sqrt{cx+d}=e$

Typ 5: $\sqrt{ax+b}+\sqrt{cx+d}=\sqrt{ex+f}$; **Typ 6:** $\sqrt{ax+b}-\sqrt{cx+d}=\sqrt{ex+f}$

Beispiel: Löse in $\mathbb{R}: \sqrt{x-7}+\sqrt{-x+8}=1$ **(Typ 3)**

(1) $\left.\begin{matrix} x-7\geq 0 \Rightarrow x\geq 7 \\ -x+8\geq 0 \Rightarrow x\leq 8 \end{matrix}\right\} \Rightarrow D=\{x\in\mathbb{R} | 7\leq x\leq 8\}$

(2) $\sqrt{x-7}+\sqrt{-x+8}=1$ | Wurzeln isolieren

$\sqrt{x-7}=1-\sqrt{-x+8}$ | Gleichung quadrieren

$x-7=1-2\sqrt{-x+8}-x+8$ | Wurzel isolieren

$2\sqrt{-x+8}=-2x+16$ |:2

$\sqrt{-x+8}=-x+8$ | Gleichung quadrieren

$-x+8=x^2-16x+64$

$x^2-15x+56=0 \Rightarrow x_{1,2}=\frac{15}{2}\pm\sqrt{\frac{225}{4}-56}=\frac{15}{2}\pm\frac{1}{2}$

$x_1=8, x_2=7$

(3) $\sqrt{8-7}+\sqrt{-8+8}=1 \Leftrightarrow 1+0=1 \Leftrightarrow 1=1$ w.A. $\Rightarrow$ 8 ist Lösung.

$\sqrt{7-7}+\sqrt{-7+8}=1 \Leftrightarrow 0+1=1 \Leftrightarrow 1=1$ w.A. $\Rightarrow$ 7 ist Lösung. $L=\{7,8\}$

Weitere Beispiele:

(29) $\sqrt{2x+4}+\sqrt{-4x+1}=3$ **Ergebnisse:** $D=\{x\in\mathbb{R} | -2\leq x\leq 0.25\}; L=\{-2,0\}$

(30) $\sqrt{x+8}+\sqrt{-x+9}=5$ **Ergebnisse:** $D=\{x\in\mathbb{R} | -8\leq x\leq 9\}; L=\{-7,8\}$

(31) $\sqrt{-6x+1}+\sqrt{x+8}=7$ **Ergebnisse:** $D=\{x\in\mathbb{R} | -8\leq x\leq \frac{1}{6}\}; L=\{-8,-4\}$

(32) $\sqrt{2x+1}+\sqrt{3x+4}=7$ **Ergebnisse:** $D=\{x\in\mathbb{R} | x\geq -0.50\}; L=\{4\}$

(33) $\sqrt{-x+8}+\sqrt{5x-4}=6$ **Ergebnisse:** $D=\{x\in\mathbb{R} | 0.80\leq x\leq 8\}; L=\{4,8\}$

(34) $\sqrt{2x+3}+\sqrt{-x+3}=3$ **Ergebnisse:** $D=\{x\in\mathbb{R} | -1.50\leq x\leq 3\}; L=\{-1,3\}$

(35) $\sqrt{-x+3}+\sqrt{-2x+4}=7$ **Ergebnisse:** $D=\{x\in\mathbb{R} | x\leq 2\}; L=\{-6\}$

(36) $\sqrt{-x+7}+\sqrt{2x-5}=3$ **Ergebnisse:** $D=\{x\in\mathbb{R} | 2.5\leq x\leq 7\}; L=\{3,7\}$

(37) $\sqrt{-x+4}+\sqrt{x+1}=3$ **Ergebnisse:** $D=\{x\in\mathbb{R} | -1\leq x\leq 4\}; L=\{0,3\}$

(38) $\sqrt{x+6}+\sqrt{-x-1}=3$ **Ergebnisse:** $D=\{x\in\mathbb{R} | -6\leq x\leq -1\}; L=\{-5,-2\}$

(39) $\sqrt{-2x+8}+\sqrt{2x-4}=2$ **Ergebnisse:** $D=\{x\in\mathbb{R} | 2\leq x\leq 4\}; L=\{2,4\}$

(40) $\sqrt{x+9}+\sqrt{-5x-9}=6$ **Ergebnisse:** $D=\{x\in\mathbb{R} | -9\leq x\leq -1.8\}; L=\{-9,-5\}$

(41) $\sqrt{-4x+9}+\sqrt{2x}=3$ **Ergebnisse:** $D=\{x\in\mathbb{R} | 0\leq x\leq 2.25\}; L=\{0,2\}$

(42) $\sqrt{-x+2}+\sqrt{-2x}=4$ **Ergebnisse:** $D=\{x\in\mathbb{R} | x\leq 0\}; L=\{-2\}$

Beispiel: Löse in $\mathbb{R}: \sqrt{5x+4}-\sqrt{3x-2}=2$ **(Typ 4)**

(1) $\left.\begin{array}{l} 5x+4\geq 0 \Rightarrow x\geq -0.8 \\ 3x-2\geq 0 \Rightarrow x\geq \frac{2}{3} \end{array}\right\} \Rightarrow D=\left\{x\in\mathbb{R} \middle| x\geq \frac{2}{3}\right\}$

(2) $\sqrt{5x+4}-\sqrt{3x-2}=2$ | Wurzeln isolieren

$\sqrt{5x+4}=2+\sqrt{3x-2}$ | Gleichung quadrieren

$5x+4=4+4\sqrt{3x-2}+3x-2$ | Wurzel isolieren

$-4\sqrt{3x-2}=-2x-2 \,|:(-2)$

$2\sqrt{3x-2}=x+1$ | Gleichung quadrieren

$12x-8=x^2+2x+1 \Leftrightarrow x^2-10x+9=0 \Rightarrow x_{1,2}=5\pm\sqrt{25-9}=5\pm 4$

$x_1=9, x_2=1$

(3) $\sqrt{5+4}-\sqrt{3-2}=2 \Leftrightarrow 3-1=2 \Leftrightarrow 2=2$ w.A. $\Rightarrow$ 1 ist Lösung.

$\sqrt{45+4}-\sqrt{27-2}=2 \Leftrightarrow 7-5=2 \Leftrightarrow 2=2$ w.A. $\Rightarrow$ 9 ist Lösung. $L=\{1,9\}$

Weitere Beispiele:

(43) $\sqrt{-6x+1}-\sqrt{-3x-8}=3$ **Ergebnisse:** $D=\left\{x\in\mathbb{R} \middle| x\leq -\frac{8}{3}\right\}; L=\{-8,-4\}$

(44) $\sqrt{x-6}-\sqrt{3x-5}=-3$ **Ergebnisse:** $D=\{x\in\mathbb{R} \mid x\geq 6\}; L=\{7,10\}$

(45) $\sqrt{x-5}-\sqrt{4x}=-4$ **Ergebnisse:** $D=\{x\in\mathbb{R} \mid x\geq 5\}; L=\left\{\frac{49}{9},9\right\}$

(46) $\sqrt{-5x-6}-\sqrt{-7x-5}=-1$ **Ergebnisse:** $D=\{x\in\mathbb{R} \mid x\leq -1.20\}; L=\{-3,-2\}$

(47) $\sqrt{7x+8}-\sqrt{2x-7}=5$ **Ergebnisse:** $D=\{x\in\mathbb{R} \mid x\geq 3.50\}; L=\{4,8\}$

(48) $\sqrt{4x-3}-\sqrt{-2x+6}=-1$ **Ergebnisse:** $D=\{x\in\mathbb{R} \mid 0.75\leq x\leq 3\}; L=\{1\}$

(49) $\sqrt{-4x+8}-\sqrt{-3x+4}=1$ **Ergebnisse:** $D=\left\{x\in\mathbb{R} \middle| x\leq \frac{4}{3}\right\}; L=\{-7,1\}$

(50) $\sqrt{-8x+1}-\sqrt{-6x-2}=1$ **Ergebnisse:** $D=\left\{x\in\mathbb{R} \middle| x\leq -\frac{1}{3}\right\}; L=\{-3,-1\}$

(51) $\sqrt{4x}-\sqrt{-3x+4}=1$ **Ergebnisse:** $D=\left\{x\in\mathbb{R} \middle| 0\leq x\leq \frac{4}{3}\right\}; L=\{1\}$

(52) $\sqrt{5x}-\sqrt{9x+4}=-2$ **Ergebnisse:** $D=\{x\in\mathbb{R} \mid x\geq 0\}; L=\{0,5\}$

(53) $\sqrt{-9x+9}-\sqrt{-3x-8}=5$ **Ergebnisse:** $D=\left\{x\in\mathbb{R} \middle| x\leq -\frac{8}{3}\right\}; L=\{-8,-3\}$

(54) $\sqrt{-5x-4}-\sqrt{-9x}=-2$ **Ergebnisse:** $D=\{x\in\mathbb{R} \mid x\leq -0.80\}; L=\{-4,-1\}$

(55) $\sqrt{4x+5}-\sqrt{2x+6}=-1$ **Ergebnisse:** $D=\{x\in\mathbb{R} \mid x\geq 1.25\}; L=\{-1\}$

(56) $\sqrt{-x-6}-\sqrt{-3x-5}=-3$ **Ergebnisse:** $D=\{x\in\mathbb{R} \mid x\leq -6\}; L=\{-10,-7\}$

(57) $\sqrt{3x+4}-\sqrt{-4x}=-1$ **Ergebnisse:** $D=\left\{x\in\mathbb{R} \middle| -\frac{4}{3} x\leq 0\right\}; L=\{-1\}$

(58) $\sqrt{4x+5}-\sqrt{-3x+4}=2$ **Ergebnisse:** $D=\left\{x\in\mathbb{R} \middle| -1.25\leq x\leq \frac{4}{3}\right\}; L=\{1\}$

Beispiel: Löse in $\mathbb{R}: \sqrt{3x+1}+\sqrt{x+4}=\sqrt{8x+9}$ **(Typ 5)**

(1) $\left.\begin{array}{l} 3x+1\geq 0 \Rightarrow x\geq -\frac{1}{3} \\ x+4\geq 0 \Rightarrow x\geq -4 \\ 8x+9\geq 0 \Rightarrow x\geq -\frac{9}{8} \end{array}\right\} \Rightarrow D=\left\{x\in\mathbb{R} \mid x\geq -\frac{1}{3}\right\}$

(2) $\sqrt{3x+1}+\sqrt{x+4}=\sqrt{8x+9}$ | Gleichung quadrieren

$3x+1+2\sqrt{(3x+1)(x+4)}+x+4=8x+9$ | Wurzel isolieren

$2\sqrt{(3x+1)(x+4)}=4x+4$ |:2

$\sqrt{(3x+1)(x+4)}=2x+2$ | Gleichung quadrieren und zusammenfassen

$3x^2+13x+4=4x^2+8x+4$

$x^2-5x=0$

$x\cdot(x-5)=0$ | Beide Faktoren = 0 setzen

$x_1=0$

$(x-5)=0 \Rightarrow x_2=5$

(3) $\sqrt{1}+\sqrt{4}=\sqrt{9} \Leftrightarrow 1+2=3 \Leftrightarrow 3=3$ w.A. $\Rightarrow$ 0 ist Lösung.

$\sqrt{15+1}+\sqrt{5+4}=\sqrt{40+9} \Leftrightarrow 4+3=7 \Leftrightarrow 7=7$ w.A. $\Rightarrow$ 5 ist Lösung. $L=\{0,5\}$

Weitere Beispiele:

(59) $\sqrt{-3x-2}+\sqrt{-x+3}=\sqrt{-8x+1}$ **Ergebnisse:** $D=\left\{x\in\mathbb{R} \mid x\leq -\frac{2}{3}\right\}; L=\{-6,-1\}$

(60) $\sqrt{x+6}+\sqrt{-9x-9}=\sqrt{-8x+9}$ **Ergebnisse:** $D=\{x\in\mathbb{R} \mid -6\leq x\leq -1\}; L=\{-5,-2\}$

(61) $\sqrt{-x-1}+\sqrt{2x+5}=\sqrt{-4x-4}$ **Ergebnisse:** $D=\{x\in\mathbb{R} \mid -2.5\leq x\leq -1\}; L=\{-2\}$

(62) $\sqrt{x+9}+\sqrt{-5x}=\sqrt{-8x+9}$ **Ergebnisse:** $D=\{x\in\mathbb{R} \mid -9\leq x\leq 0\}; L=\{-5,0\}$

(63) $\sqrt{-4x}+\sqrt{3x+4}=\sqrt{-5x+4}$ **Ergebnisse:** $D=\left\{x\in\mathbb{R} \mid -\frac{4}{3}\leq x\leq 0\right\}; L=\{-1,0\}$

(64) $\sqrt{-2x+3}+\sqrt{6x-6}=\sqrt{2x-1}$ **Ergebnisse:** $D=\{x\in\mathbb{R} \mid 1\leq x\leq 1.5\}; L=\{1\}$

(65) $\sqrt{x-1}+\sqrt{3x+6}=\sqrt{8x+1}$ **Ergebnisse:** $D=\{x\in\mathbb{R} \mid x\geq 1\}; L=\{1,10\}$

(66) $\sqrt{-4x}+\sqrt{5x+9}=\sqrt{-7x+9}$ **Ergebnisse:** $D=\{x\in\mathbb{R} \mid -1.8\leq x\leq 0\}; L=\{-1,0\}$

(67) $\sqrt{8x-7}+\sqrt{-x+5}=\sqrt{9x}$ **Ergebnisse:** $D=\left\{x\in\mathbb{R} \mid \frac{7}{8}\leq x\leq 5\right\}; L=\{1,4\}$

(68) $\sqrt{x-3}+\sqrt{3x+4}=\sqrt{8x-7}$ **Ergebnisse:** $D=\{x\in\mathbb{R} \mid x\geq 3\}; L=\{4,7\}$

(69) $\sqrt{x+1}+\sqrt{2x+1}=\sqrt{2x+4}$ **Ergebnisse:** $D=\{x\in\mathbb{R} \mid x\geq -0.5\}; L=\{0\}$

(70) $\sqrt{-3x-9}+\sqrt{x+7}=\sqrt{-4x-8}$ **Ergebnisse:** $D=\{x\in\mathbb{R} \mid -7\leq x\leq -3\}; L=\{-6,-3\}$

(71) $\sqrt{x+1}+\sqrt{-2x+1}=\sqrt{-5x+4}$ **Ergebnisse:** $D=\{x\in\mathbb{R} \mid -1\leq x\leq 0.5\}; L=\{0,0.5\}$

(72) $\sqrt{-6x-5}+\sqrt{x+5}=\sqrt{-4x+5}$ **Ergebnisse:** $D=\left\{x\in\mathbb{R} \mid -5\leq x\leq -\frac{5}{6}\right\}; L=\{-5,-1\}$

Beispiel: Löse in $\mathbb{R}: \sqrt{-6x+4}-\sqrt{-2x+5}=\sqrt{-x-1}$ **(Typ 6)**

$$(1)\quad \left.\begin{array}{l} -6x+4\geq 0 \Rightarrow x\leq \frac{2}{3} \\ -2x+5\geq 0 \Rightarrow x\leq 2.5 \\ -x-1\geq 0 \Rightarrow x\leq -1 \end{array}\right\} \Rightarrow D=\{x\in\mathbb{R} \mid x\leq -1\}$$

$$(2)\quad \sqrt{-6x+4}-\sqrt{-2x+5}=\sqrt{-x-1} \quad | \text{ Gleichung quadrieren}$$

$$-6x+4-2\sqrt{(-6x+4)(-2x+5)}-2x+5=-x-1 \quad | \text{ Wurzel isolieren}$$

$$-2\sqrt{(-6x+4)(-2x+5)}=7x-10 \quad | \text{ Gleichung quadrieren}$$

$$4(12x^2-38x+20)=49x^2-140x+100 \quad | \text{ Zusammenfassen}$$

$$x^2+12x+20=0 \Rightarrow x_{1,2}=-6\pm\sqrt{36-20}=-6\pm 4$$

$$x_1=-2,\ x_2=-10$$

$$(3)\quad \sqrt{12+4}-\sqrt{4+5}=\sqrt{2-1} \Leftrightarrow 4-3=1 \Leftrightarrow 1=1 \text{ w.A.} \Rightarrow -2 \text{ ist Lösung.}$$

$$\sqrt{60+4}-\sqrt{20+5}=\sqrt{10-1} \Leftrightarrow 8-5=3 \Leftrightarrow 3=3 \text{ w.A.} \Rightarrow -10 \text{ ist Lösung.} \quad L=\{-10,-2\}$$

Weitere Beispiele:

(73) $\sqrt{8x+9}-\sqrt{-x+6}=\sqrt{9x-9}$ — **Ergebnisse:** $D=\{x\in\mathbb{R} \mid 1\leq x\leq 6\};L=\{2,5\}$

(74) $\sqrt{9x+9}-\sqrt{4x+4}=\sqrt{x+1}$ — **Ergebnisse:** $D=\{x\in\mathbb{R} \mid x\geq -1\};L=\{-1,0\}$

(75) $\sqrt{-4x+8}-\sqrt{-3x+3}=\sqrt{x+3}$ — **Ergebnisse:** $D=\{x\in\mathbb{R} \mid -3\leq x\leq 1\};L=\{-2,1\}$

(76) $\sqrt{-x+1}-\sqrt{2x+6}=\sqrt{-2x-2}$ — **Ergebnisse:** $D=\{x\in\mathbb{R} \mid -3\leq x\leq -1\};L=\{-3\}$

(77) $\sqrt{-6x-5}-\sqrt{-2x-2}=\sqrt{-x}$ — **Ergebnisse:** $D=\{x\in\mathbb{R} \mid x\leq -1\};L=\{-9,-1\}$

(78) $\sqrt{8x+1}-\sqrt{x+3}=\sqrt{3x-2}$ — **Ergebnisse:** $D=\left\{x\in\mathbb{R} \mid x\geq \frac{2}{3}\right\};L=\{1,6\}$

(79) $\sqrt{-5x-1}-\sqrt{-2x-1}=\sqrt{2x+3}$ — **Ergebnisse:** $D=\{x\in\mathbb{R} \mid -1.5\leq x\leq -0.5\};L=\{-1\}$

(80) $\sqrt{8x+9}-\sqrt{8x}=\sqrt{-4x+9}$ — **Ergebnisse:** $D=\{x\in\mathbb{R} \mid 0\leq x\leq 2.25\};L=\{0,2\}$

(81) $\sqrt{6x+4}-\sqrt{x-1}=\sqrt{2x+5}$ — **Ergebnisse:** $D=\{x\in\mathbb{R} \mid x\geq 1\};L=\{2,10\}$

(82) $\sqrt{4x+4}-\sqrt{-5x+1}=\sqrt{-4x+1}$ — **Ergebnisse:** $D=\{x\in\mathbb{R} \mid -1\leq x\leq 0.20\};L=\{0\}$

(83) $\sqrt{7x+9}-\sqrt{8x+1}=\sqrt{-3x+4}$ — **Ergebnisse:** $D=\left\{x\in\mathbb{R} \mid -\frac{1}{8}\leq x\leq \frac{4}{3}\right\};L=\{0,1\}$

(84) $\sqrt{-4x}-\sqrt{-3x-3}=\sqrt{x+5}$ — **Ergebnisse:** $D=\{x\in\mathbb{R} \mid -5\leq x\leq -1\};L=\{-4,-1\}$

(85) $\sqrt{-x+3}-\sqrt{x+6}=\sqrt{-2x-3}$ — **Ergebnisse:** $D=\{x\in\mathbb{R} \mid -6\leq x\leq -1.5\};L=\left\{-6,-\frac{3}{2}\right\}$

(86) $\sqrt{-x+4}-\sqrt{4x+1}=\sqrt{2x+1}$ — **Ergebnisse:** $D=\{x\in\mathbb{R} \mid -0.25\leq x\leq 4\};L=\{0\}$

(87) $\sqrt{-8x+1}-\sqrt{-x+6}=\sqrt{-3x-5}$ — **Ergebnisse:** $D=\left\{x\in\mathbb{R} \mid x\leq -\frac{5}{3}\right\};L=\{-10,-3\}$

Exponentialgleichungen

Exponentialgleichungen sind Gleichungen, bei denen die Variable im Exponenten einer Potenz vorkommt. Hier wird der Sonderfall behandelt, dass die Variable *nur* im Exponenten und als ganz rationaler Term auftritt.
Die Definitionsmenge dieser Gleichungen ist $D=\mathbb{R}$.

Exponentialgleichungen, die sich ohne Logarithmieren lösen lassen

Die Gleichung kann auf die **Form** $\mathbf{a^{f(x)} = a^{g(x)}}$ gebracht werden.
Man erhält dann die Lösungen, indem man die Gleichung $f(x)=g(x)$ löst.

Gegeben sind Exponentialgleichungen vom **Typ:** $\mathbf{a \cdot b^{cx+d} + e \cdot b^{fx+g} = h \cdot b^{mx+n}}$ mit der Basis $\mathbf{b=2}$.

Beispiel: Löse in $\mathbb{R}$: $4\cdot 2^{5x-2}-6\cdot 2^{5x-3}=2\cdot 2^{-4x-3}$

$$4\cdot 2^{5x-2}-6\cdot 2^{5x-3}=2\cdot 2^{-4x-3} \quad | \text{ Potenz mit kleinerem Exponenten herausheben}$$

$$2^{5x-3}\cdot\left(4\cdot 2^{1}-6\right)=2\cdot 2^{-4x-3}$$

$$2^{5x-3}\cdot 2=2\cdot 2^{-4x-3} \quad |:2$$

$$2^{5x-3}=2^{-4x-3} \quad | \text{ Gleichsetzen der Exponenten}$$

$$5x-3=-4x-3 \Leftrightarrow 9x=0 \Rightarrow x=0$$

Probe: $4\cdot 2^{-2}-6\cdot 2^{-3}=2\cdot 2^{-3} \Leftrightarrow \frac{4}{2^2}-\frac{6}{2^3}=\frac{2}{2^3} \Leftrightarrow 1-\frac{3}{4}=\frac{1}{4} \Leftrightarrow \frac{1}{4}=\frac{1}{4}$ w.A. $\Rightarrow 0$ ist Lösung. $L=\{0\}$

Weitere Beispiele mit ganzzahligen Lösungen

(01) $6\cdot 2^{-3x+4}-2\cdot 2^{-3x+5}=4\cdot 2^{-5x+1}$ **Lösungsmenge:** $L=\{-1\}$

(02) $-2\cdot 2^{x-1}-5\cdot 2^{x}=-3\cdot 2^{3x-3}$ **Lösungsmenge:** $L=\{2\}$

(03) $-2^{3x+7}+7\cdot 2^{3x+6}=5\cdot 2^{5x}$ **Lösungsmenge:** $L=\{3\}$

(04) $5\cdot 2^{-7x-8}-2\cdot 2^{-7x-6}=-6\cdot 2^{-6x+7}$ **Lösungsmenge:** $L=\{-16\}$

(05) $6\cdot 2^{2x-2}=3\cdot 2^{x-8}$ **Lösungsmenge:** $L=\{-7\}$

(06) $-2\cdot 2^{-2x+2}-2^{-2x+6}=-9\cdot 2^{-3x+9}$ **Lösungsmenge:** $L=\{6\}$

Weitere Beispiele mit gebrochen rationalen Lösungen

(07) $3\cdot 2^{-2x}-6\cdot 2^{-2x-3}=9\cdot 2^{-7x-8}$ **Lösungsmenge:** $L=\left\{-\frac{6}{5}\right\}$

(08) $2\cdot 2^{-8x-2}-5\cdot 2^{-8x-3}=-2^{-2x-7}$ **Lösungsmenge:** $L=\left\{\frac{2}{3}\right\}$

(09) $8\cdot 2^{-3x}+4\cdot 2^{-3x+3}=5\cdot 2^{5x+5}$ **Lösungsmenge:** $L=\left\{-\frac{1}{4}\right\}$

(10) $8\cdot 2^{-7x+1}+2\cdot 2^{-7x+3}=2^{x-2}$ **Lösungsmenge:** $L=\left\{\frac{7}{8}\right\}$

(11) $3\cdot 2^{-x+1}-4\cdot 2^{-x-1}=2^{-3x+9}$ **Lösungsmenge:** $L=\left\{\frac{7}{2}\right\}$

(12) $-2\cdot 2^{-2x-5}-3\cdot 2^{-2x-4}=-2\cdot 2^{x+8}$ **Lösungsmenge:** $L=\left\{-\frac{11}{3}\right\}$

Exponentialgleichungen, die sich ohne Logarithmieren lösen lassen

Die Gleichung kann auf die **Form $a^{f(x)} = a^{g(x)}$** gebracht werden.
Man erhält dann die Lösungen, indem man die Gleichung $f(x) = g(x)$ löst.

Gegeben sind Exponentialgleichungen vom **Typ:** $\mathbf{a \cdot b^{cx+d} + e \cdot b^{fx+g} = h \cdot b^{mx+n}}$ mit der Basis $\mathbf{b = 3}$.

Beispiel: Löse in $\mathbb{R}$: $-3 \cdot 3^{-8x+3} + 2 \cdot 3^{-8x+5} = 5 \cdot 3^{-7x-8}$

$$-3 \cdot 3^{-8x+3} + 2 \cdot 3^{-8x+5} = 5 \cdot 3^{-7x-8} \mid \text{Potenz mit kleinerem Exponenten herausheben}$$
$$3^{-8x+3} \cdot \left(-3 + 2 \cdot 3^2\right) = 5 \cdot 3^{-7x-8}$$
$$3^{-8x+3} \cdot 15 = 5 \cdot 3^{-7x-8} \mid :5$$
$$3^{-8x+3} \cdot 3 = 3^{-7x-8}$$
$$3^{-8x+4} = 3^{-7x-8} \mid \text{Gleichsetzen der Exponenten}$$
$$-8x + 4 = -7x - 8 \Rightarrow x = 12$$

Probe:

$$-3 \cdot 3^{-93} + 2 \cdot 3^{-91} = 5 \cdot 3^{-92} \Leftrightarrow -\frac{3}{3^{93}} + \frac{2}{3^{91}} = \frac{5}{3^{92}} \Big| \cdot 3^{93} \Leftrightarrow -3 + 2 \cdot 3^2 = 5 \cdot 3^1 \Leftrightarrow 15 = 15 \text{ w.A.} \Rightarrow 12 \text{ ist Lösung.} \quad L = \{12\}$$

Weitere Beispiele mit ganzzahligen Lösungen

(13) $-9 \cdot 3^{-7x-6} + 4 \cdot 3^{-7x-5} = 3^{-8x+1}$ **Lösungsmenge:** $L = \{6\}$

(14) $-3 \cdot 3^{-3x-1} = -3^{-4x-9}$ **Lösungsmenge:** $L = \{-9\}$

(15) $3 \cdot 3^{7x-6} - 8 \cdot 3^{7x-5} = -7 \cdot 3^{-7x+9}$ **Lösungsmenge:** $L = \{1\}$

(16) $-6 \cdot 3^{2x+3} + 3^{2x+5} = 3^{3x-9}$ **Lösungsmenge:** $L = \{13\}$

(17) $9 \cdot 3^{2x-2} - 6 \cdot 3^{2x} = -5 \cdot 3^{x-7}$ **Lösungsmenge:** $L = \{-7\}$

(18) $-8 \cdot 3^{-2x+4} - 3 \cdot 3^{-2x+3} = -3^{-x-8}$ **Lösungsmenge:** $L = \{14\}$

(19) $9 \cdot 3^{7x-1} + 3^{7x} = 4 \cdot 3^{4x-9}$ **Lösungsmenge:** $L = \{-3\}$

Weitere Beispiele mit gebrochen rationalen Lösungen

(20) $-6 \cdot 3^{5x+4} - 3^{5x+5} = -3^{-3x+5}$ **Lösungsmenge:** $L = \left\{-\frac{1}{8}\right\}$

(21) $3 \cdot 3^{-8x-7} + 8 \cdot 3^{-8x-6} = 9 \cdot 3^{3x+1}$ **Lösungsmenge:** $L = \left\{-\frac{7}{11}\right\}$

(22) $4 \cdot 3^{-9x-5} - 3 \cdot 3^{-9x-6} = 3^{-4x-2}$ **Lösungsmenge:** $L = \left\{-\frac{2}{5}\right\}$

(23) $-3 \cdot 3^{5x-2} + 4 \cdot 3^{5x-1} = 3^{-2x+9}$ **Lösungsmenge:** $L = \left\{\frac{9}{7}\right\}$

(24) $6 \cdot 3^{x-1} + 7 \cdot 3^{x} = 3 \cdot 3^{-3x-2}$ **Lösungsmenge:** $L = \left\{-\frac{3}{4}\right\}$

(25) $-9 \cdot 3^{6x-6} + 8 \cdot 3^{6x-5} = 5 \cdot 3^{x+8}$ **Lösungsmenge:** $L = \left\{\frac{13}{5}\right\}$

(26) $3 \cdot 3^{-5x+2} - 3^{-5x+5} = -8 \cdot 3^{-2x-7}$ **Lösungsmenge:** $L = \left\{\frac{10}{3}\right\}$

Exponentialgleichungen, die sich ohne Logarithmieren lösen lassen

Die Gleichung kann auf die **Form** $a^{f(x)} = a^{g(x)}$ gebracht werden.
Man erhält dann die Lösungen, indem man die Gleichung $f(x)=g(x)$ löst.

Gegeben sind Exponentialgleichungen vom **Typ:** $a \cdot b^{cx+d} + e \cdot b^{fx+g} = h \cdot b^{mx+n}$ mit der Basis $b = 5$.

Beispiel: Löse in $\mathbb{R}$: $-5\cdot 5^{5x-3}+3\cdot 5^{5x-2}=2\cdot 5^{-2x-1}$

$$-5\cdot 5^{5x-3}+3\cdot 5^{5x-2}=2\cdot 5^{-2x-1} \quad | \text{ Potenz mit kleinerem Exponenten herausheben}$$

$$5^{5x-3}\cdot\left(-5+3\cdot 5^{1}\right)=2\cdot 5^{-2x-1}$$

$$5^{5x-3}\cdot 10=2\cdot 5^{-2x-1} \quad |:2$$

$$5^{5x-3}\cdot 5=5^{-2x-1}$$

$$5^{5x-2}=5^{-2x-1} \quad | \text{ Gleichsetzen der Exponenten}$$

$$5x-2=-2x-1 \Leftrightarrow 7x=1 \Rightarrow x=\frac{1}{7}\approx 0.14$$

Probe:

$$-5\cdot 5^{\frac{5}{7}-3}+3\cdot 5^{\frac{5}{7}-2}=2\cdot 5^{-\frac{2}{7}-1} \Leftrightarrow -5^{-\frac{9}{7}}+3\cdot 5^{-\frac{9}{7}}=2\cdot 5^{-\frac{9}{7}} \,|:5^{-\frac{9}{7}} \Leftrightarrow -1+3=2 \Leftrightarrow 2=2 \text{ w.A.} \Rightarrow \frac{1}{7} \text{ ist Lösung.} \qquad L=\left\{\frac{1}{7}\right\}$$

Weitere Beispiele mit ganzzahligen Lösungen

(27) $-4\cdot 5^{-3x+4}-5\cdot 5^{-3x+3}=-5^{-2x-1}$ **Lösungsmenge:** $L=\{6\}$

(28) $-6\cdot 5^{-5x+7}+5\cdot 5^{-5x+6}=-5^{5x-2}$ **Lösungsmenge:** $L=\{1\}$

(29) $-4\cdot 5^{4x}-5\cdot 5^{4x-1}=-5^{x-5}$ **Lösungsmenge:** $L=\{-2\}$

(30) $5\cdot 5^{3x+1}-5\cdot 5^{3x+2}=-4\cdot 5^{-x+2}$ **Lösungsmenge:** $L=\{0\}$

(31) $6\cdot 5^{-7x-1}-4\cdot 5^{-7x-2}=5^{-6x-7}$ **Lösungsmenge:** $L=\{7\}$

(32) $5\cdot 5^{-5x-5}+4\cdot 5^{-5x-4}=5\cdot 5^{-4x-1}$ **Lösungsmenge:** $L=\{-3\}$

(33) $-4\cdot 5^{4x-1}-5\cdot 5^{4x-2}=-5^{5x+8}$ **Lösungsmenge:** $L=\{-8\}$

Weitere Beispiele mit gebrochen rationalen Lösungen

(34) $5\cdot 5^{2x-3}-4\cdot 5^{2x-2}=-3\cdot 5^{-6x-8}$ **Lösungsmenge:** $L=\left\{-\frac{3}{4}\right\}$

(35) $-4\cdot 5^{-6x}-5\cdot 5^{-6x-1}=-5^{6x-4}$ **Lösungsmenge:** $L=\left\{\frac{5}{12}\right\}$

(36) $6\cdot 5^{-6x+1}-5\cdot 5^{-6x}=5^{4x+4}$ **Lösungsmenge:** $L=\left\{-\frac{1}{5}\right\}$

(37) $5\cdot 5^{2x-5}+3\cdot 5^{2x-4}=4\cdot 5^{-6x-8}$ **Lösungsmenge:** $L=\left\{-\frac{1}{2}\right\}$

(38) $-5\cdot 5^{-7x+2}-3\cdot 5^{-7x+3}=-4\cdot 5^{4x-1}$ **Lösungsmenge:** $L=\left\{\frac{4}{11}\right\}$

(39) $-4\cdot 5^{-3x-1}-5\cdot 5^{-3x-2}=-5^{3x+7}$ **Lösungsmenge:** $L=\left\{-\frac{7}{6}\right\}$

(40) $-5\cdot 5^{-6x-1}+2\cdot 5^{-6x}=5^{-3x+5}$ **Lösungsmenge:** $L=\left\{-\frac{5}{3}\right\}$

Exponentialgleichungen, die sich ohne Logarithmieren lösen lassen

Die Gleichung kann auf die **Form** $\mathbf{a^{f(x)} = a^{g(x)}}$ gebracht werden.
Man erhält dann die Lösungen, indem man die Gleichung $f(x)=g(x)$ löst.

Gegeben sind Exponentialgleichungen vom **Typ:** $\mathbf{a \cdot b^{cx+d} + e \cdot b^{fx+g} = h \cdot b^{mx+n}}$ mit der Basis $\mathbf{b = 7}$.

Beispiel: Löse in $\mathbb{R}$: $-7\cdot 7^{5x+7}+7\cdot 7^{5x+8}=6\cdot 7^{7x-8}$

$$-7\cdot 7^{5x+7}+7\cdot 7^{5x+8}=6\cdot 7^{7x-8} \;\Big|\; \text{Potenz mit kleinerem Exponenten herausheben}$$

$$7^{5x+7}\cdot\left(-7+7\cdot 7^{1}\right)=6\cdot 7^{7x-8}$$

$$7^{5x+7}\cdot 42=6\cdot 7^{7x-8} \;\Big|\; :6$$

$$7^{5x+7}\cdot 7=7^{7x-8}$$

$$7^{5x+8}=7^{7x-8} \;\Big|\; \text{Gleichsetzen der Exponenten}$$

$$5x+8=7x-8 \Leftrightarrow 2x=16 \Rightarrow x=8$$

Probe:

$-7\cdot 7^{47}+7\cdot 5^{48}=6\cdot 7^{48} \Leftrightarrow -7^{48}+7\cdot 5^{48}=6\cdot 7^{48} \,|:7^{48} \Leftrightarrow -1+7=6 \Leftrightarrow 6=6$ w.A. $\Rightarrow$ 8 ist Lösung. $\quad L=\{8\}$

Weitere Beispiele mit ganzzahligen Lösungen

(41) $6\cdot 7^{-7x-7}+7\cdot 7^{-7x-8}=7^{-6x+7}$ **Lösungsmenge:** $L=\{-13\}$

(42) $-8\cdot 7^{-2x+3}+7\cdot 7^{-2x+2}=-7^{-3x}$ **Lösungsmenge:** $L=\{-4\}$

(43) $7\cdot 7^{-6x-5}-3\cdot 7^{-6x-4}=-2\cdot 7^{-7x+7}$ **Lösungsmenge:** $L=\{11\}$

(44) $7\cdot 7^{-5x+4}-2\cdot 7^{-5x+5}=-7^{-x+5}$ **Lösungsmenge:** $L=\{0\}$

(45) $6\cdot 7^{4x+8}+7\cdot 7^{4x+7}=7^{3x}$ **Lösungsmenge:** $L=\{-9\}$

(46) $8\cdot 7^{-5x+8}-7\cdot 7^{-5x+7}=7^{-6x-5}$ **Lösungsmenge:** $L=\{-14\}$

(47) $7\cdot 7^{-9x+3}-7^{-9x+5}=-6\cdot 7^{-7x-6}$ **Lösungsmenge:** $L=\{5\}$

(48) $-7\cdot 7^{x}+7^{x+2}=6\cdot 7^{-4x+6}$ **Lösungsmenge:** $L=\{1\}$

Weitere Beispiele mit gebrochen rationalen Lösungen

(49) $7\cdot 7^{-6x-1}-7^{-6x+1}=-6\cdot 7^{x+5}$ **Lösungsmenge:** $L=\left\{-\frac{5}{7}\right\}$

(50) $-7\cdot 7^{9x-3}+4\cdot 7^{9x-2}=3\cdot 7^{3x+9}$ **Lösungsmenge:** $L=\left\{\frac{11}{6}\right\}$

(51) $6\cdot 7^{x-3}+7\cdot 7^{x-4}=7^{7x-4}$ **Lösungsmenge:** $L=\left\{\frac{1}{3}\right\}$

(52) $-8\cdot 7^{8x-3}+7\cdot 7^{8x-4}=-7^{-2x-9}$ **Lösungsmenge:** $L=\left\{-\frac{7}{10}\right\}$

(53) $7\cdot 7^{3x-5}+8\cdot 7^{3x-4}=9\cdot 7^{-x-1}$ **Lösungsmenge:** $L=\left\{\frac{3}{4}\right\}$

(54) $-7\cdot 7^{-9x-7}+3\cdot 7^{-9x-6}=2\cdot 7^{9x+3}$ **Lösungsmenge:** $L=\left\{-\frac{1}{2}\right\}$

(55) $-7\cdot 7^{x+3}+5\cdot 7^{x+4}=4\cdot 7^{3x-1}$ **Lösungsmenge:** $L=\left\{\frac{5}{2}\right\}$

Exponentialgleichungen, die sich ohne Logarithmieren lösen lassen

Die Gleichung kann auf die **Form** $\mathbf{a^{f(x)} = b^{f(x)}}$ gebracht werden.
Man erhält dann die Lösungen, indem man die Gleichung $f(x) = 0$ löst.

Gegeben sind Exponentialgleichungen vom **Typ:** $\mathbf{a \cdot b_1^{cx+d} + e \cdot b_2^{fx+g} = h \cdot b_1^{mx+n} + k \cdot b_2^{ux+v}}$

Beispiel: Löse in $\mathbb{R}$: $2 \cdot 2^{x-1} + 3 \cdot 3^{x-2} = -2^{x-1} + 4 \cdot 3^{x-1}$

$2 \cdot 2^{x-1} + 3 \cdot 3^{x-2} = -2^{x-1} + 4 \cdot 3^{x-1}$ | Potenzen mit gleicher Basis auf eine Seite bringen

$2 \cdot 2^{x-1} + 2^{x-1} = 4 \cdot 3^{x-1} - 3 \cdot 3^{x-2}$ | Herausheben

$3 \cdot 2^{x-1} = 3^{x-1} \cdot \left(4 - 3 \cdot 3^{-1}\right)$

$3 \cdot 2^{x-1} = 3^{x-1} \cdot 3 \;|:3$

$2^{x-1} = 3^{x-1}$ | Exponent gleich Null setzen!

$x - 1 = 0 \Rightarrow x = 1$

Probe: $2 \cdot 2^0 + 3 \cdot 3^{-1} = -2^0 + 4 \cdot 3^0 \Leftrightarrow 2 + \frac{3}{3} = -1 + 4 \Leftrightarrow 2 + 1 = 3 \Leftrightarrow 3 = 3$ w.A. $\Rightarrow 1$ ist Lösung. $L = \{1\}$

Weitere Beispiele mit den Basen $b_1 = 2$ und $b_2 = 3$

(56) $-2^{-x-1} + 3 \cdot 3^{-x-2} = -4 \cdot 2^{-x-2} + 5 \cdot 3^{-x-2}$ **Lösungsmenge:** $L = \{-2\}$

(57) $2^{-4x+3} - 2 \cdot 3^{-4x+3} = -3 \cdot 3^{-4x+2}$ **Lösungsmenge:** $L = \left\{\frac{3}{4}\right\}$

(58) $-4 \cdot 2^{3x+3} + 3 \cdot 3^{3x+3} = 2^{3x+4} - 3 \cdot 3^{3x+2}$ **Lösungsmenge:** $L = \{-1\}$

(59) $4 \cdot 2^{-3x+3} - 4 \cdot 3^{-3x+3} = -2 \cdot 2^{-3x+4} + 4 \cdot 3^{-3x+3}$ **Lösungsmenge:** $L = \{1\}$

(60) $-2 \cdot 2^{-3x} - 3^{-3x} = -3 \cdot 2^{-3x+1} + 5 \cdot 3^{-3x-1}$ **Lösungsmenge:** $L = \left\{-\frac{1}{3}\right\}$

(61) $4 \cdot 2^{2x-4} - 3^{2x-3} = -2 \cdot 2^{2x-4} + 3 \cdot 3^{2x-4}$ **Lösungsmenge:** $L = \{2\}$

(62) $-2 \cdot 2^{4x+3} + 2 \cdot 3^{4x+3} = 2 \cdot 2^{4x+3} + 2 \cdot 3^{4x+1}$ **Lösungsmenge:** $L = \left\{-\frac{1}{4}\right\}$

Weitere Beispiele mit den Basen $b_1 = 3$ und $b_2 = 5$

(63) $-4 \cdot 3^{x-4} + 5^{x-4} = -3 \cdot 3^{x-3} + 4 \cdot 5^{x-4}$ **Lösungsmenge:** $L = \{5\}$

(64) $-2 \cdot 3^{-2x-1} - 3 \cdot 5^{-2x-2} = -3 \cdot 3^{-2x-1} + 2 \cdot 5^{-2x-2}$ **Lösungsmenge:** $L = \left\{-\frac{1}{2}\right\}$

(65) $2 \cdot 3^{-x-4} + 3 \cdot 5^{-x-3} = -3^{-x-3} + 4 \cdot 5^{-x-3}$ **Lösungsmenge:** $L = \{-4\}$

(66) $3^{-3x+3} + 3 \cdot 5^{-3x+4} = 4 \cdot 3^{-3x+3} + 2 \cdot 5^{-3x+4}$ **Lösungsmenge:** $L = \left\{\frac{4}{3}\right\}$

(67) $2 \cdot 3^{4x-4} - 5^{4x-1} = -4 \cdot 3^{4x-1} - 3 \cdot 5^{4x-3}$ **Lösungsmenge:** $L = \{1\}$

(68) $-4 \cdot 3^{-3x-3} + 2 \cdot 5^{-3x-3} = -3^{-3x-3} - 5^{-3x-3}$ **Lösungsmenge:** $L = \{-1\}$

(69) $-4 \cdot 3^{2x-3} = -2 \cdot 3^{2x-2} + 2 \cdot 5^{2x-3}$ **Lösungsmenge:** $L = \left\{\frac{3}{2}\right\}$

(70) $-3^{x+3} + 3 \cdot 5^{x+2} = -2 \cdot 5^{x+2}$ **Lösungsmenge:** $L = \{-3\}$

—— Exponentialgleichungen, die sich durch Logarithmieren lösen lassen ——

Kann die Exponentialgleichung *weder* auf die **Form** $\mathbf{a^{f(x)} = a^{g(x)}}$ *noch* auf die **Form** $\mathbf{a^{f(x)} = b^{f(x)}}$ gebracht werden, so führt in vielen Fällen das Logarithmieren[1] der Gleichung zum Ziel. Es wird dabei die Tatsache benutzt, dass zu gleichen Zahlen gleiche Logarithmen gehören und umgekehrt.

Gegeben sind Exponentialgleichungen vom **Typ:** $\mathbf{a \cdot b_1^{cx+d} + e \cdot b_1^{fx+g} = h \cdot b_1^{mx+n} \cdot b_2^{ux+v}}$

Beispiel: Löse in $\mathbb{R}$: $3\cdot 2^{-3x-2} + 2\cdot 2^{-3x-4} = 2^{-x+3}\cdot 3^{-4x+2}$

$$3\cdot 2^{-3x-2} + 2\cdot 2^{-3x-4} = 2^{-x+3}\cdot 3^{-4x+2}$$

$$2^{-3x-4}\cdot\left(3\cdot 2^2 + 2\right) = 2^{-x+3}\cdot 3^{-4x+2}$$

$$\frac{14\cdot 2^{-3x-4}}{2^{-x+3}} = 3^{-4x+2}$$

$$14\cdot 2^{-2x-7} = 3^{-4x+2} \quad \Big| \text{ Gleichung logarithmieren}$$

$$\ln 14 + (-2x-7)\ln 2 = (-4x+2)\ln 3 \Leftrightarrow x(4\ln 3 - 2\ln 2) = 7\ln 2 + 2\ln 3 - \ln 14$$

$$x = \frac{7\ln 2 + 2\ln 3 - \ln 14}{4\ln 3 - 2\ln 2} \approx 1.47 \qquad L = \{1.47\}$$

Die **Probe** kann mit dem Taschenrechner erfolgen. Dabei ist es zweckmäßig, mit allen am TR angezeigten Werten für x zu rechnen.

Weitere Beispiele mit den Basen $b_1 = 2$ und $b_2 = 3$

(71) $2^{3x-4} + 2^{3x-1} = 2^{2x+2}\cdot 3^{-3x+3}$ **Lösungsmenge:** $L = \{1.32\}$

(72) $4\cdot 2^{-2x}\cdot 3^{x+1} = 2^{3x-4}$ **Lösungsmenge:** $L = \{2.22\}$

(73) $5\cdot 2^{4x+1} - 4\cdot 2^{4x-5} = 4\cdot 2^{-x+3}\cdot 3^{3x+4}$ **Lösungsmenge:** $L = \{32.79\}$

(74) $-5 * 2^{-4x-2} + 2 * 2^{-4x+6} = 2^{x+1}\cdot 3^{2x+2}$ **Lösungsmenge:** $L = \{0.34\}$

(75) $2\cdot 2^{3x+5} = 3\cdot 2^{2x-2}\cdot 3^{2x+3}$ **Lösungsmenge:** $L = \{0.77\}$

(76) $3\cdot 2^{-4x-1} - 2^{-4x-3} = 4\cdot 2^{3x-1}\cdot 3^{-x-4}$ **Lösungsmenge:** $L = \{1.07\}$

(77) $2^{4x-1} - 3\cdot 2^{4x-4} = 3\cdot 2^{3x}\cdot 3^{-3x+5}$ **Lösungsmenge:** $L = \{1.94\}$

(78) $2\cdot 2^{2x-2} = 4\cdot 2^{-3x+3}\cdot 3^{2x}$ **Lösungsmenge:** $L = \{3.28\}$

Weitere Beispiele mit den Basen $b_1 = 3$ und $b_2 = 5$

(79) $8\cdot 3^{-8x+5} + 2\cdot 3^{-8x-2} = 3\cdot 3^{6x-5}\cdot 5^{x-4}$ **Lösungsmenge:** $L = \{1.08\}$

(80) $7\cdot 3^{-3x+6} - 7\cdot 3^{-3x-5} = 5\cdot 3^{4x}\cdot 5^{x-1}$ **Lösungsmenge:** $L = \{0.92\}$

(81) $6\cdot 3^{7x-8} + 3^{7x+4} = 2\cdot 3^{-5x-5}\cdot 5^{9x+3}$ **Lösungsmenge:** $L = \{3.35\}$

(82) $7\cdot 3^{-9x+8} = 9\cdot 3^{-6x-1}\cdot 5^{9x-6}$ **Lösungsmenge:** $L = \{1.09\}$

(83) $3^{-8x} - 2\cdot 3^{-8x-2} = 8\cdot 3^{7x-8}\cdot 5^{5x-8}$ **Lösungsmenge:** $L = \{0.79\}$

(84) $3\cdot 3^{3x-1}\cdot 5^{-2x-9} = 3^{-7x+7}$ **Lösungsmenge:** $L = \{2.85\}$

(85) $-4\cdot 3^{2x-9} + 4\cdot 3^{2x-5} = 2\cdot 3^{6x-9}\cdot 5^{-9x+7}$ **Lösungsmenge:** $L = \{0.61\}$

(86) $5\cdot 3^{-7x+7} + 2\cdot 3^{-7x+8} = 9\cdot 3^{9x+2}\cdot 5^{9x-5}$ **Lösungsmenge:** $L = \{0.43\}$

---

[1] Logarithmische Rechengesetze: $\ln(u\cdot v) = \ln u + \ln v, \ln(\frac{u}{v}) = \ln u - \ln v, \ln u^n = n\cdot \ln u$

Logarithmische Gleichungen

Logarithmische Gleichungen sind Gleichungen, bei denen die Variable im Numerus von Logarithmen vorkommt.
Die Definitionsmenge dieser Gleichungen ergibt sich aus der Bedingung, dass der Numerus größer als Null sein muss.

— Logarithmische Gleichungen, die sich ohne Logarithmieren lösen lassen —

Gegeben sind Logarithmische Gleichungen vom **Typ: log(ax + b) + log(cx + d) = log(ex + f)**

Beispiel: Löse in $\mathbb{R}$: $\log(4x-7)+\log(-x+7)=\log(3x-1)$

$$(1)\quad \left.\begin{array}{l} 4x-7>0 \Rightarrow x>1.75 \\ -x+7>0 \Rightarrow x<7 \\ 3x-1>0 \Rightarrow x>\frac{1}{3} \end{array}\right\} \Rightarrow D=\{x\in\mathbb{R}\,|\,1.75<x<7\}$$

$\log(4x-7)+\log(-x+7)=\log(3x-1)\,|$ Logarithmisches Rechengesetz anwenden: logu+logv=log(u · v)

$\log(4x-7)(-x+7)=\log(3x-1)\,|$ Numeri gleichsetzen

$$(2)\quad -4x^2+35x-49=3x-1$$

$$4x^2-32x+48=0 \Leftrightarrow x^2-8x+12=0 \Rightarrow x_{1,2}=4\pm\sqrt{16-12}=4\pm 2$$

$$x_1=6, x_2=2$$

Probe: $\log 17+\log 1=\log 17 \Leftrightarrow \log 17+0=\log 17 \Leftrightarrow \log 17=\log 17$ w.A. $\Rightarrow 6$ ist Lösung.

$\log 1+\log 5=\log 5 \Leftrightarrow 0+\log 5=\log 5 \Leftrightarrow \log 5=\log 5$ w.A. $\Rightarrow 2$ ist Lösung. $L=\{2,6\}$

Weitere Beispiele mit ganzzahligen Lösungen

(01) $\log(2x+5)+\log(-x+4)=\log(x+8)$ **Ergebnisse:** $D=\{x\in\mathbb{R}\,|-2.5<x<4\}$; $L=\{-2,3\}$

(02) $\log(x+6)+\log(x-5)=\log(4x-2)$ **Ergebnisse:** $D=\{x\in\mathbb{R}\,|\,x>5\}$; $L=\{7\}$

(03) $\log(-3x-7)+\log(x+7)=\log(-x+5)$ **Ergebnisse:** $D=\{x\in\mathbb{R}\,|-7<x<-\frac{7}{3}\}$; $L=\{-6,-3\}$

(04) $\log(3x-4)+\log(2x-5)=\log(7x-4)$ **Ergebnisse:** $D=\{x\in\mathbb{R}\,|\,x>2.5\}$; $L=\{4\}$

(05) $\log(-x+7)+\log(6x-4)=\log(4x+8)$ **Ergebnisse:** $D=\{x\in\mathbb{R}\,|\,\frac{2}{3}<x<7\}$; $L=\{1,6\}$

(06) $\log(2x-1)+\log(5x-8)=\log(-x+8)$ **Ergebnisse:** $D=\{x\in\mathbb{R}\,|\,1.6<x<8\}$; $L=\{2\}$

Weitere Beispiele mit reellen Lösungen

(07) $\log(6x-5)+\log(5x-1)=\log(6x-4)$ **Ergebnisse:** $D=\{x\in\mathbb{R}\,|\,x>\frac{5}{6}\}$; $L=\{\frac{9}{10}\}$

(08) $\log(7x+6)+\log(-7x+4)=\log(-x+6)$ **Ergebnisse:** $D=\{x\in\mathbb{R}\,|\,\frac{6}{7}<x<\frac{4}{7}\}$; $L=\{-0.75,0.49\}$

(09) $\log(7x+2)+\log(6x-8)=\log(-x+7)$ **Ergebnisse:** $D=\{x\in\mathbb{R}\,|\,\frac{4}{3}<x<7\}$; $L=\{1.41\}$

(10) $\log(4x+3)+\log(-9x+8)=\log(-4x+5)$ **Ergebnisse:** $D=\{x\in\mathbb{R}\,|-\frac{3}{4}<x<\frac{8}{9}\}$; $L=\{-0.61,0.86\}$

(11) $\log(5x-5)+\log(3x+2)=\log(9x-2)$ **Ergebnisse:** $D=\{x\in\mathbb{R}\,|\,x>1\}$; $L=\{\frac{4}{3}\}$

— Logarithmische Gleichungen, die sich ohne Logarithmieren lösen lassen —

Gegeben sind Logarithmische Gleichungen vom **Typ:** $\mathbf{\log(ax+b)-\log(cx+d)=\log(ex+f)}$

Beispiel: Löse in $\mathbb{R}$: $\log(x+8)-\log(2x+9)=\log(x+2)$

(1) $$\left.\begin{array}{l} x+8>0 \Rightarrow x>-8 \\ 2x+9>0 \Rightarrow x>-4.5 \\ x+2>0 \Rightarrow x>-2 \end{array}\right\} \Rightarrow D=\{x\in\mathbb{R}\,|\,x>-2\}$$

$$\log(x+8)-\log(2x+9)=\log(x+2)\,\Big|\text{ Logarithmisches Rechengesetz anwenden: } \log u-\log v=\log\tfrac{u}{v}$$

$$\log\frac{x+8}{2x+9}=\log(x+2)\,\Big|\text{ Numeri gleichsetzen}$$

(2) $$\frac{x+8}{2x+9}=x+2\,\Big|\cdot(2x+9)$$

$$x+8=(x+2)(2x+9) \Leftrightarrow x+8=2x^2+13x+18 \Leftrightarrow 2x^2+12x+10=0$$

$$x^2+6x+5=0 \Rightarrow x_{1,2}=-3\pm\sqrt{9-5}=-3\pm2$$

$$x_1=-1 \text{ ist Lösung}, x_2=-5\notin D, \text{daher keine Lösung.}$$

Probe: $\log7-\log7=\log1 \Leftrightarrow 0=0$ w.A. $\Rightarrow -1$ ist Lösung. $L=\{-1\}$

Weitere Beispiele mit ganzzahligen Lösungen

(12) $\log(-5x+2)-\log(-6x-5)=\log(x+8)$ **Ergebnisse:** $D=\left\{x\in\mathbb{R}\,\middle|\,-8<x<-\frac{5}{6}\right\}; L=\{-7,-1\}$

(13) $\log(ax+b)-\log(cx+d)=\log(ex+f)$ **Ergebnisse:** $D=\{x\in\mathbb{R}\,|\,-2.5<x<4\}; L=\{-2,3\}$

(14) $\log(8x-8)-\log(4x+8)=\log(x-3)$ **Ergebnisse:** $D=\{x\in\mathbb{R}\,|\,x>3\}; L=\{4\}$

(15) $\log(-6x+2)-\log(x+9)=\log(-2x-2)$ **Ergebnisse:** $D=\{x\in\mathbb{R}\,|\,-9<x<-1\}; L=\{-5,-2\}$

(16) $\log(3x-2)-\log(x-2)=\log(2x-3)$ **Ergebnisse:** $D=\{x\in\mathbb{R}\,|\,x>2\}; L=\{4\}$

(17) $\log(-8x-2)-\log(3x+7)=\log(-5x+4)$ **Ergebnisse:** $D=\left\{x\in\mathbb{R}\,\middle|\,-\frac{7}{3}<x<-\frac{1}{4}\right\}; L=\{-2\}$

(18) $\log(3x+2)-\log(x-4)=\log(x-6)$ **Ergebnisse:** $D=\{x\in\mathbb{R}\,|\,x>6\}; L=\{11\}$

(19) $\log(x+4)-\log(-x+8)=\log(2x-3)$ **Ergebnisse:** $D=\{x\in\mathbb{R}\,|\,1.5<x<8\}; L=\{2,7\}$

Weitere Beispiele mit reellen Lösungen

(20) $\log(7x-8)-\log(4x+6)-\log(x-9)$ **Ergebnisse:** $D-\{x\in\mathbb{R}\,|\,x>9\}; L-\{10.36\}$

(21) $\log(-5x+5)-\log(6x+8)=\log(-8x+7)$ **Ergebnisse:** $D=\left\{x\in\mathbb{R}\,\middle|\,-\frac{4}{3}<x<\frac{7}{8}\right\}; L=\{-1.22, 0.87\}$

(22) $\log(3x+3)-\log(5x-4)=\log(4x-2)$ **Ergebnisse:** $D=\{x\in\mathbb{R}\,|\,x>0.8\}; L=\{1.25\}$

(23) $\log(4x+4)-\log(-2x+4)=\log(9x+3)$ **Ergebnisse:** $D=\left\{x\in\mathbb{R}\,\middle|\,-\frac{1}{3}<x<2\right\}; L=\{-0.26, 1.71\}$

(24) $\log(5x-7)-\log x=\log(3x-7)$ **Ergebnisse:** $D=\left\{x\in\mathbb{R}\,\middle|\,x>\frac{7}{3}\right\}; L=\{3.29\}$

(25) $\log(-2x+5)-\log(-2x+3)=\log(8x+6)$ **Ergebnisse:** $D=\left\{x\in\mathbb{R}\,\middle|\,-\frac{3}{4}<x<\frac{5}{2}\right\}; L=\{-0.56, 1.44\}$

(26) $\log(-9x+2)-\log(3x+9)=\log(-9x+7)$ **Ergebnisse:** $D=\left\{x\in\mathbb{R}\,\middle|\,-3<x<\frac{2}{9}\right\}; L=\{-2.72\}$

(27) $\log(8x+9)-\log(-2x+5)=\log(9x+1)$ **Ergebnisse:** $D=\left\{x\in\mathbb{R}\,\middle|\,-\frac{1}{9}<x<\frac{5}{2}\right\}; L=\{0.12, 1.82\}$

— Logarithmische Gleichungen, die sich ohne Logarithmieren lösen lassen —

Gegeben sind Logarithmische Gleichungen vom **Typ:** $\log(ax+b)+\log(cx+d)=2\log(ex+f)$

Beispiel: Löse in $\mathbb{R}$: $\log(8x+9)+\log(-x+3)=2\log(x+3)$

(1) $$\left.\begin{array}{l} 8x+9>0 \Rightarrow x>-1.125 \\ -x+3>0 \Rightarrow x<3 \\ x+3>0 \Rightarrow x>-3 \end{array}\right\} \Rightarrow D=\{x\in\mathbb{R} \mid -1.125<x<3\}$$

$$\log(8x+9)+\log(-x+3)=2\log(x+3)$$ | Logarithmische Rechengesetze anwenden: $\log u+\log v=\log(u\cdot v),\ n\cdot\log u=\log u^n$

$$\log(8x+9)(-x+3)=2\log(x+3)=\log(x+3)^2$$ | Numeri gleichsetzen

(2) $$-8x^2+15x+27=x^2+6x+9$$

$$9x^2-9x-18=0 \Leftrightarrow x^2-x-2=0 \Rightarrow x_{1,2}=0.5\pm\sqrt{0.25+2}=0.5\pm1.5$$

$$x_1=2, x_2=-1$$

Probe: $\log 25+\log 1=2\log 5 \Leftrightarrow \log 25=\log 25$ w.A. $\Rightarrow 2$ ist Lösung.

$\log 1+\log 4=2\log 2 \Leftrightarrow \log 4=\log 4$ w.A. $\Rightarrow -1$ ist Lösung. $L=\{-1,2\}$

Weitere Beispiele mit ganzzahligen Lösungen

(28) $\log(5x+9)+\log(3x+1)=2\log(4x+3)$ **Ergebnisse:** $D=\left\{x\in\mathbb{R} \mid x>-\frac{1}{3}\right\}; L=\{0,8\}$

(29) $\log(-3x-8)+\log(-x+1)=2\log(2x+8)$ **Ergebnisse:** $D=\left\{x\in\mathbb{R} \mid -4<x<-\frac{8}{3}\right\}; L=\{-3\}$

(30) $\log(8x-7)+\log(-x+5)=2\log(x+1)$ **Ergebnisse:** $D=\left\{x\in\mathbb{R} \mid \frac{7}{8}<x<5\right\}; L=\{1,4\}$

(31) $\log(3x-9)+\log(x+5)=2\log(3x-9)$ **Ergebnisse:** $D=\{x\in\mathbb{R} \mid x>3\}; L=\{7\}$

(32) $\log(-x+5)+\log(-7x-1)=2\log(-3x+3)$ **Ergebnisse:** $D=\left\{x\in\mathbb{R} \mid x<-\frac{1}{7}\right\}; L=\{-7,-1\}$

(33) $\log(-x+7)+\log(-3x-1)=2\log(5x+9)$ **Ergebnisse:** $D=\left\{x\in\mathbb{R} \mid -1.8<x<-\frac{1}{3}\right\}; L=\{-1\}$

(34) $\log(9x)+\log(7x-3)=2\log(8x-2)$ **Ergebnisse:** $D=\left\{x\in\mathbb{R} \mid x>\frac{3}{7}\right\}; L=\{1,4\}$

(35) $\log(x-2)+\log(2x+6)=2\log(2x-4)$ **Ergebnisse:** $D=\{x\in\mathbb{R} \mid x>2\}; L=\{7\}$

Weitere Beispiele mit reellen Lösungen

(36) $\log(-7x-9)+\log(-8x+8)=2\log(-8x-5)$ **Ergebnisse:** $D=\left\{x\in\mathbb{R} \mid x<-\frac{9}{7}\right\}; L=\{-5.97,-2{,}03\}$

(37) $\log(-9x-5)+\log(-7x+8)=2\log(-2x)$ **Ergebnisse:** $D=\left\{x\in\mathbb{R} \mid x<-\frac{5}{9}\right\}; L=\{-0.57\}$

(38) $\log(-3x+8)+\log(-6x-8)=2\log(-6x-8)$ **Ergebnisse:** $D=\left\{x\in\mathbb{R} \mid x<\frac{4}{3}\right\}; L=\left\{-\frac{16}{3}\right\}$

(39) $\log(-6x+9)+\log(8x+8)=2\log(2x+8)$ **Ergebnisse:** $D=\{x\in\mathbb{R} \mid -1<x<1.5\}; L=\{-0.48, 0.32\}$

(40) $\log(-3x+5)+\log(-2x+2)=2\log(8x-2)$ **Ergebnisse:** $D=\{x\in\mathbb{R} \mid 0.25<x<1\}; L=\{0.49\}$

(41) $\log(4x+5)+\log(3x+5)=2\log(4x+5)$ **Ergebnisse:** $D=\{x\in\mathbb{R} \mid x>-1.25\}; L=\{0\}$

(42) $\log(-6x-9)+\log(-5x+8)=2\log(-6x-7)$ **Ergebnisse:** $D=\{x\in\mathbb{R} \mid x<-1.5\}; L=\{-12.94,-1.56\}$

(43) $\log(-9x+5)+\log(-5x-6)=2\log(x+5)$ **Ergebnisse:** $D=\{x\in\mathbb{R} \mid -5<x<-1.2\}; L=\{-1.35\}$

— Logarithmische Gleichungen, die sich durch Logarithmieren lösen lassen —

Gegeben sind Logarithmische Gleichungen vom **Typ:** $a^{\lg(bx+c)} = d$, dabei bezeichnet das Symbol lg den *dekadischen* Logarithmus. (Basis = 10).

Beispiel: Löse in $\mathbb{R}$: $5^{\lg(x+3)}=5$

(1) $x+3>0 \Rightarrow x>-3 \Rightarrow D=\{x\in\mathbb{R} \mid x>-3\}$

$5^{\lg(x+3)}=5 \mid$ Logarithmieren zur Basis 10

$\lg(x+3)\cdot\lg 5=\lg 5 \mid :\log 5$

(2) $\lg(x+3)=1 \mid$ Entlogarithmieren: $10^{\text{linke Seite}}=10^{\text{rechte Seite}}$ bilden

$10^{\lg(x+3)}=10^{1} \mid$ Beachte : $10^{\lg u}=u$ (Potenzieren und Logarithmieren sind inverse Rechenoperationen)

$x+3=10$

$x=7\in D$

Probe: $5^{\lg 10}=5 \Leftrightarrow 5^{1}=5 \Leftrightarrow 5=5$ w.A. $\Rightarrow 7$ ist Lösung. $L=\{7\}$

Weitere Beispiele mit ganzzahligen Lösungen

(44) $2^{\lg(2x-8)}=2$ **Ergebnisse:** $D=\{x\in\mathbb{R} \mid x>4\};L=\{9\}$

(45) $9^{\lg(-2x-3)}=1$ **Ergebnisse:** $D=\{x\in\mathbb{R} \mid x<-1.5\};L=\{-2\}$

(46) $3^{\lg(x-9)}=9$ **Ergebnisse:** $D=\{x\in\mathbb{R} \mid x>9\};L=\{109\}$

(47) $8^{\lg(-3x-8)}=1$ **Ergebnisse:** $D=\{x\in\mathbb{R} \mid x<-\frac{8}{3}\};L=\{-3\}$

(48) $6^{\lg(-2x+5)}=1$ **Ergebnisse:** $D=\{x\in\mathbb{R} \mid x<2.5\};L=\{2\}$

(49) $7^{\lg(-x-1)}=7$ **Ergebnisse:** $D=\{x\in\mathbb{R} \mid x<-1\};L=\{-11\}$

(50) $4^{\lg(-x+6)}=1$ **Ergebnisse:** $D=\{x\in\mathbb{R} \mid x<6\};L=\{5\}$

Weitere Beispiele mit reellen Lösungen

(51) $8^{\lg(-x+3)}=6$ **Ergebnisse:** $D=\{x\in\mathbb{R} \mid x<3\};L=\{-4.27\}$

(52) $7^{\lg(-2x+9)}=5$ **Ergebnisse:** $D=\{x\in\mathbb{R} \mid x<4.5\};L=\{1.14\}$

(53) $3^{\lg(-3x+2)}=8$ **Ergebnisse:** $D=\{x\in\mathbb{R} \mid x<\frac{2}{3}\};L=\{-25.37\}$

(54) $5^{\lg(-2x+7)}=6$ **Ergebnisse:** $D=\{x\in\mathbb{R} \mid x<3.5\};L=\{-2.99\}$

(55) $9^{\lg(5x+8)}=8$ **Ergebnisse:** $D=\{x\in\mathbb{R} \mid x>-1.6\};L=\{0.17\}$

(56) $4^{\lg(-3x+7)}=3$ **Ergebnisse:** $D=\{x\in\mathbb{R} \mid x<\frac{7}{3}\};L=\{0.27\}$

(57) $2^{\lg(6x+1)}=4$ **Ergebnisse:** $D=\{x\in\mathbb{R} \mid x>-\frac{1}{6}\};L=\{\frac{33}{2}\}$

(58) $6^{\lg(8x)}=3$ **Ergebnisse:** $D=\{x\in\mathbb{R} \mid x>0\};L=\{0.51\}$

— Logarithmische Gleichungen, die sich durch Logarithmieren lösen lassen —

Gegeben sind Logarithmische Gleichungen vom **Typ:** $\mathbf{a \cdot x^{\lg(bx)+c} = d}$, dabei bezeichnet das Symbol lg den *dekadischen* Logarithmus. (Basis = 10).

Beispiel: Löse in $\mathbb{R}$: $7 \cdot x^{\lg(4x)-1} = 9$

(1) $4x > 0 \Leftrightarrow x > 0 \Rightarrow D = \{x \in \mathbb{R} | x > 0\}$

$$7 \cdot x^{\lg(4x)-1} = 9 \,|\, \text{Gleichung logarithmieren}$$

$$\lg 7 + (\lg(4x) - 1) \cdot \lg x = \lg 9 \,|\, \text{Logarithmische Rechengesetze anwenden}$$

$$(\lg 4 + \lg x - 1) \cdot \lg x = \lg 9 - \lg 7$$

(2) $(\lg x)^2 + (\lg 4 - 1) \cdot \lg x - (\lg 9 - \lg 7) = 0 \,|$ Quadratische Gleichung nach (lgx) auflösen

$$(\lg x)_{1,2} = \frac{-(\lg 4 - 1) \pm \sqrt{(\lg 4 - 1)^2 + 4(\lg 9 - \lg 7)}}{2} \approx \frac{0.398 \pm 0.771}{2}$$

$$(\lg x)_1 \approx 0.585 \Rightarrow x_1 \approx 10^{0.585} \approx 3.84 \in D$$

$$(\lg x)_2 \approx -0.187 \Rightarrow x_2 \approx 10^{-0.187} \approx 0.65 \in D \qquad L = \{0.65, 3.84\}$$

Die **Probe** kann mit dem Taschenrechner erfolgen. Dabei ist es zweckmäßig, mit allen am TR angezeigten Werten für x zu rechnen.

Beispiele mit ganzzahligen Lösungen

(59) $6 \cdot x^{\lg(2x)-1} = 6$ **Ergebnisse:** $D = \{x \in \mathbb{R} | x > 0\}; L = \{1, 5\}$

(60) $2 \cdot x^{\lg(5x)-2} = 1$ **Ergebnisse:** $D = \{x \in \mathbb{R} | x > 0\}; L = \{2, 10\}$

(61) $8 \cdot x^{\lg(5x)-3} = 2$ **Ergebnisse:** $D = \{x \in \mathbb{R} | x > 0\}; L = \{2, 100\}$

(62) $4 \cdot x^{\lg(2x)-2} = 4$ **Ergebnisse:** $D = \{x \in \mathbb{R} | x > 0\}; L = \{1, 50\}$

(63) $-9 \cdot x^{\lg(5x)-1} = -9$ **Ergebnisse:** $D = \{x \in \mathbb{R} | x > 0\}; L = \{1, 2\}$

(64) $-6 \cdot x^{\lg(4x)-2} = -6$ **Ergebnisse:** $D = \{x \in \mathbb{R} | x > 0\}; L = \{1, 25\}$

(65) $3 \cdot x^{\lg(5x)-3} = 3$ **Ergebnisse:** $D = \{x \in \mathbb{R} | x > 0\}; L = \{1, 200\}$

Beispiele mit reellen Lösungen

(66) $8 \cdot x^{\lg(4x)-2} = 7$ **Ergebnisse:** $D = \{x \in \mathbb{R} | x > 0\}; L = \{1.10, 22.65\}$

(67) $-2 \cdot x^{\lg(5x)-1} = -4$ **Ergebnisse:** $D = \{x \in \mathbb{R} | x > 0\}; L = \{0.38, 5.24\}$

(68) $7 \cdot x^{\lg(4x)-2} = 5$ **Ergebnisse:** $D = \{x \in \mathbb{R} | x > 0\}; L = \{1.30, 19.24\}$

(69) $4 \cdot x^{\lg(8x)-3} = 2$ **Ergebnisse:** $D = \{x \in \mathbb{R} | x > 0\}; L = \{1.43, 87.48\}$

(70) $-3 \cdot x^{\lg(3x)-2} = -1$ **Ergebnisse:** $D = \{x \in \mathbb{R} | x > 0\}; L = \{2.76, 12.07\}$

(71) $5 \cdot x^{\lg(4x)+1} = 4$ **Ergebnisse:** $D = \{x \in \mathbb{R} | x > 0\}; L = \{0.03, 0.87\}$

(72) $6 \cdot x^{\lg(7x)-2} = 6$ **Ergebnisse:** $D = \{x \in \mathbb{R} | x > 0\}; L = \left\{1, \frac{100}{7}\right\}$

— Logarithmische Gleichungen, die sich durch Logarithmieren lösen lassen —

Gegeben sind Logarithmische Gleichungen vom **Typ:** $\mathbf{a \cdot x^{\lg(bx)} = c \cdot x^d}$, dabei bezeichnet das Symbol lg den *dekadischen* Logarithmus. (Basis = 10).

Beispiel: Löse in $\mathbb{R}$: $-2 \cdot x^{\lg 5x} = -x^2$

(1) $5x > 0 \Leftrightarrow x > 0 \Rightarrow D = \{x \in \mathbb{R} | x > 0\}$

$$-2 \cdot x^{\lg 5x} = -x^2 \,|\cdot(-1)$$

$$2x^{\lg 5x} = x^2 \,|\text{ Gleichung logarithmieren}$$

$$\lg 2 + (\lg 5 + \lg x) \cdot \lg x = 2 \cdot \lg x$$

(2) $(\lg x)^2 + (\lg 5 - 2) \cdot \lg x + \lg 2 = 0 |$ Quadratische Gleichung nach (lgx) auflösen

$$(\lg x)_{1,2} = \frac{-(\lg 5 - 2) \pm \sqrt{(\lg 5 - 2)^2 - 4 \lg 2}}{2} \approx \frac{1.301 \pm 0.699}{2}$$

$$(\lg x)_1 \approx 1 \Rightarrow x_1 \approx 10^1 = 10 \in D$$

$$(\lg x)_2 \approx 0.301 \Rightarrow x_2 \approx 10^{0.301} = 2 \in D$$

Probe: $-2 \cdot 10^{\lg 50} = -10^2 \Leftrightarrow -2 \cdot 50 = -100 \Leftrightarrow -100 = -100$ w.A. $\Rightarrow$ 10 ist Lösung.

$-2 \cdot 2^{\lg 10} = -2^2 \Leftrightarrow -2 \cdot 2^1 = -4 \Leftrightarrow -4 = -4$ w.A. $\Rightarrow$ 2 ist Lösung. $L = \{2, 10\}$

Die Probe kann bei *nicht ganzzahligen* Werten von x mit dem Taschenrechner erfolgen. Dabei ist es zweckmäßig, mit allen am TR angezeigten Werten für x zu rechnen.

Beispiele mit ganzzahligen Lösungen

(73) $-3 \cdot x^{\lg(4x)} = -3 \cdot x^2$ **Ergebnisse:** $D = \{x \in \mathbb{R} | x > 0\}; L = \{1, 25\}$

(74) $6 \cdot x^{\lg(2x)} = 6 \cdot x$ **Ergebnisse:** $D = \{x \in \mathbb{R} | x > 0\}; L = \{1, 5\}$

(75) $5 \cdot x^{\lg(5x)} = 5 \cdot x^2$ **Ergebnisse:** $D = \{x \in \mathbb{R} | x > 0\}; L = \{1, 20\}$

(76) $-6 \cdot x^{\lg(4x)} = -6 \cdot x^3$ **Ergebnisse:** $D = \{x \in \mathbb{R} | x > 0\}; L = \{1, 250\}$

(77) $7 \cdot x^{\lg(5x)} = 7 \cdot x$ **Ergebnisse:** $D = \{x \in \mathbb{R} | x > 0\}; L = \{1, 2\}$

(78) $6 \cdot x^{\lg(5x)} = 3 \cdot x^2$ **Ergebnisse:** $D = \{x \in \mathbb{R} | x > 0\}; L = \{2, 10\}$

Beispiele mit reellen Lösungen

(79) $-8 \cdot x^{\lg(6x)} = -4 \cdot x^2$ **Ergebnisse:** $D = \{x \in \mathbb{R} | x > 0\}; L = \{2.20, 7.58\}$

(80) $7 \cdot x^{\lg(8x)} = 2 \cdot x^3$ **Ergebnisse:** $D = \{x \in \mathbb{R} | x > 0\}; L = \{2.01, 62.17\}$

(81) $-4 \cdot x^{\lg(3x)} = -7$ **Ergebnisse:** $D = \{x \in \mathbb{R} | x > 0\}; L = \{0.16, 2.04\}$

(82) $3 \cdot x^{\lg(2x)} = 8 \cdot x^2$ **Ergebnisse:** $D = \{x \in \mathbb{R} | x > 0\}; L = \{0.60, 83.32\}$

(83) $-7 \cdot x^{\lg(5x)} = -4 \cdot x^3$ **Ergebnisse:** $D = \{x \in \mathbb{R} | x > 0\}; L = \{1.29, 154.90\}$

(84) $x^{\lg(8x)} = 9x^4$ **Ergebnisse:** $D = \{x \in \mathbb{R} | x > 0\}; L = \{0.52\}$

(85) $5 \cdot x^{\lg(x)} = 6 \cdot x^{-2}$ **Ergebnisse:** $D = \{x \in \mathbb{R} | x > 0\}; L = \{0.01, 1.09\}$

Goniometrische Gleichungen

Goniometrische Gleichungen sind Gleichungen, bei denen ein Winkel die Variable ist.
Hier soll nur der Sonderfall behandelt werden, bei dem die Variable nur als Argument in einer oder mehreren trigonometrischen Funktionen vorkommt.

Goniometrische Gleichungen mit einer trigonometrischen Funktion

Gegeben sind goniometrische Gleichungen vom **Typ: $a \cdot \sin(bx) = c$**

Beispiel: Löse die goniometrische Gleichung $2 \cdot \sin(2x) = 1$ im Standardintervall $[0°;360°]$.

$$2 \cdot \sin(2x) = 1$$

$$\sin(2x) = 0.5$$

$$2x = \arcsin 0.5 = 30° + n \cdot 360°, n \in \mathbb{Z} \text{ oder } 2x = 180° - 30° = 150° + n \cdot 360°, n \in \mathbb{Z}$$

$$x = 15° + n \cdot 180°, n \in \mathbb{Z} \text{ oder } x = 75° + n \cdot 180°, n \in \mathbb{Z}$$

Im Standardintervall $[0°;360°]$ liegen die Lösungen $15°, 75°, 195°, 255°$.

Weitere Beispiele: Löse folgende Gleichungen im Standardintervall $[0°;360°]$

(01) $4 \cdot \sin(x) = 2$ **Lösungsmenge:** $L = \{30°, 150°\}$

(02) $6 \cdot \sin(2x) = 6$ **Lösungsmenge:** $L = \{45°, 225°\}$

(03) $-2 \cdot \sin(x) = -2$ **Lösungsmenge:** $L = \{90°\}$

(04) $8 \cdot \sin(x) = 7$ **Lösungsmenge:** $L = \{61.04°, 118.96°\}$

(05) $9 \cdot \sin(2x) = 8$ **Lösungsmenge:** $L = \{31.37°, 58.63°, 211.37°, 238.63°\}$

(06) $5 \cdot \sin(x) = 3$ **Lösungsmenge:** $L = \{36.87°, 143.13°\}$

(07) $7 \cdot \sin(2x) = 6$ **Lösungsmenge:** $L = \{29.50°, 60.50°, 209.50°, 240.50°\}$

Beispiel: Löse die goniometrische Gleichung $7 \cdot \sin(2x) = 4$ im Standardintervall $[0;2\pi]$.

$$7 \cdot \sin(2x) = 4$$

$$\sin 2x = \frac{4}{7} \approx 0.571$$

$$2x \approx \arcsin 0.571 \approx 0.61 + n \cdot 2\pi, n \in \mathbb{Z} \Rightarrow x \approx 0.30 + n \cdot \pi, n \in \mathbb{Z}$$

oder

$$2x \approx \pi - 0.61 \approx 2.53 + n \cdot 2\pi, n \in \mathbb{Z} \Rightarrow x \approx 1.27 + n \cdot \pi, n \in \mathbb{Z}$$

Im Standardintervall $[0;2\pi]$ liegen die Lösungen 0.30, 1.27, 3.45, 4.41

Weitere Beispiele: Löse folgende Gleichungen im Standardintervall $[0;2\pi]$.

(08) $3 \cdot \sin(2x) = 1$ **Lösungsmenge:** $L = \{0.17, 1.40, 3.31, 4.54\}$

(09) $7 \cdot \sin(x) = 3$ **Lösungsmenge:** $L = \{0.44, 2.70\}$

(10) $4 \cdot \sin(2x) = 4$ **Lösungsmenge:** $L = \{0.79, 3.93\}$

(11) $-9 \cdot \sin(2x) = -7$ **Lösungsmenge:** $L = \{0.45, 1.13, 3.59, 4.27\}$

(12) $6 \cdot \sin(x) = 5$ **Lösungsmenge:** $L = \{0.99, 2.16\}$

(13) $8 \cdot \sin(2x) = 3$ **Lösungsmenge:** $L = \{0.19, 1.38, 3.33, 4.52\}$

Goniometrische Gleichungen mit einer trigonometrischen Funktion

Gegeben sind goniometrische Gleichungen vom **Typ:** $\mathbf{a \cdot \cos(bx) = c}$

Beispiel: Löse die goniometrische Gleichung $6 \cdot \cos x = 3$ im Standardintervall $[0°;360°]$.

$$6 \cdot \cos x = 3$$
$$\cos x = 0.50$$
$$x = \arccos 0.50 = 60° + n \cdot 360°, n \in \mathbb{Z}$$
oder
$$x = 360° - 60° = 300° + n \cdot 360°, n \in \mathbb{Z}$$

Im Standardintervall $[0°;360°]$ liegen die Lösungen 60° und 300°.

Weitere Beispiele: Löse folgende Gleichungen im Standardintervall $[0°;360°]$

(14) $2 \cdot \cos(2x) = 1$ **Lösungsmenge:** $L = \{30°, 150°, 210°, 330°\}$

(15) $4 \cdot \cos(x) = -2$ **Lösungsmenge:** $L = \{120°, 240°\}$

(16) $5 \cdot \cos(2x) = 5$ **Lösungsmenge:** $L = \{0°, 180°, 360°\}$

(17) $7 \cdot \cos(x) = 7$ **Lösungsmenge:** $L = \{0°, 360°\}$

(18) $5 \cdot \cos(2x) = 2$ **Lösungsmenge:** $L = \{33.21°, 146.79°, 213.21°, 326.79°\}$

(19) $6 \cdot \cos(x) = 2$ **Lösungsmenge:** $L = \{70.53°, 289.47°\}$

(20) $9 \cdot \cos(2x) = 8$ **Lösungsmenge:** $L = \{13.63°, 166.37°, 193.63°, 346.37°\}$

Beispiel: Löse die goniometrische Gleichung $4 \cdot \cos(2x) = 3$ im Standardintervall $[0;2\pi]$.

$$4 \cdot \cos(2x) = 3$$
$$\cos(2x) = 0.75$$
$$2x = \arccos 0.75 \approx 0.72 + n \cdot 2\pi, n \in \mathbb{Z} \text{ oder } 2x \approx 2\pi - 0.72 \approx 5.56 + n \cdot 2\pi, n \in \mathbb{Z}$$
$$x \approx 0.36 + n \cdot \pi, n \in \mathbb{Z} \quad \text{oder } x \approx 2.78 + n \cdot \pi, n \in \mathbb{Z}$$

Im Standardintervall $[0;2\pi]$ liegen die Lösungen 0.36,2.78,3.50,5.92.

Weitere Beispiele: Löse folgende Gleichungen im Standardintervall $[0;2\pi]$.

(21) $9 \cdot \cos(2x) = 2$ **Lösungsmenge:** $L = \{0.67, 2.47, 3.81, 5.61\}$

(22) $-8 \cdot \cos(x) = -5$ **Lösungsmenge:** $L = \{0.90, 5.39\}$

(23) $6 \cdot \cos(2x) = 3$ **Lösungsmenge:** $L = \{0.52, 2.62, 3.67, 5.76\}$

(24) $5 \cdot \cos(x) = 1$ **Lösungsmenge:** $L = \{1.37, 4.91\}$

(25) $4 \cdot \cos(2x) = 4$ **Lösungsmenge:** $L = \{0, 3.14, 6.28\}$

(26) $-7 \cdot \cos(2x) = -3$ **Lösungsmenge:** $L = \{0.56, 2.58, 3.71, 5.72\}$

(27) $3 \cdot \cos(x) = 1$ **Lösungsmenge:** $L = \{1.23, 5.05\}$

(28) $2 \cdot \cos(2x) = 0.5$ **Lösungsmenge:** $L = \{0.66, 2.48, 3.80, 5.62\}$

— Goniometrische Gleichungen mit einer trigonometrischen Funktion —

Gegeben sind goniometrische Gleichungen vom **Typ:** $\mathbf{a \cdot \tan(bx) = c}$

Beispiel: Löse die goniometrische Gleichung $-7 \cdot \tan x = -9$ im Standardintervall $[0°;360°]$.

$$-7 \cdot \tan x = -9$$

$$\tan x = \frac{9}{7}$$

$$x = \arctan\frac{9}{7} \approx 52.13° + n \cdot 180°, n \in \mathbb{Z}$$

Im Standardintervall $[0°;360°]$ liegen die Lösungen 52.13°, 232.13°.

Weitere Beispiele: Löse folgende Gleichungen im Standardintervall $[0°;360°]$

(29) $8 \cdot \tan(2x) = 9$ **Lösungsmenge:** $L = \{24.18°, 114.18°, 204.18°, 294.18°\}$

(30) $-3 \cdot \tan(x) = -8$ **Lösungsmenge:** $L = \{69.44°, 249.44°\}$

(31) $4 \cdot \tan(2x) = 5$ **Lösungsmenge:** $L = \{25.67°, 115.67°, 205.67°, 295.67°\}$

(32) $6 \cdot \tan(x) = 1$ **Lösungsmenge:** $L = \{9.46°, 189.46°\}$

(33) $-5 \cdot \tan(2x) = -2$ **Lösungsmenge:** $L = \{10.90°, 100.90°, 190.90°, 280.90°\}$

(34) $9 \cdot \tan(x) = 3$ **Lösungsmenge:** $L = \{18.43°, 198.43°\}$

(35) $-7 \cdot \tan(2x) = -1$ **Lösungsmenge:** $L = \{4.07°, 94.07°, 184.07°, 274.07°\}$

Beispiel: Löse die goniometrische Gleichung $5 \cdot \tan(2x) = 8$ im Standardintervall $[0;2\pi]$.

$$5 \cdot \tan(2x) = 8$$

$$\tan(2x) = \frac{8}{5}$$

$$2x = \arctan\frac{8}{5} \approx 1.01 + n \cdot \pi, n \in \mathbb{Z}$$

$$x \approx 0.51 + n \cdot \frac{\pi}{2}, n \in \mathbb{Z}$$

Im Standardintervall $[0;2\pi]$ liegen die Lösungen 0.51, 2.08, 3.65, 5.22.

Weitere Beispiele: Löse folgende Gleichungen im Standardintervall $[0;2\pi]$.

(36) $\tan(x) = 4$ **Lösungsmenge:** $L = \{1.33, 4.47\}$

(37) $9 \cdot \tan(2x) = 8$ **Lösungsmenge:** $L = \{0.36, 1.93, 3.50, 5.08\}$

(38) $-2 \cdot \tan(x) = -9$ **Lösungsmenge:** $L = \{1.35, 4.49\}$

(39) $4 \cdot \tan(x) = 2$ **Lösungsmenge:** $L = \{0.46, 3.61\}$

(40) $3 \cdot \tan(2x) = 1$ **Lösungsmenge:** $L = \{0.16, 1.73, 3.30, 4.87\}$

(41) $3 \cdot \tan(x) = 4$ **Lösungsmenge:** $L = \{0.93, 4.07\}$

(42) $-5 \cdot \tan(2x) = -4$ **Lösungsmenge:** $L = \{0.34, 1.91, 3.48, 5.05\}$

— Goniometrische Gleichungen mit einer trigonometrischen Funktion —

Gegeben sind goniometrische Gleichungen vom **Typ:** $\mathbf{a \cdot \sin^2(bx) = c}$

Beispiel: Löse die goniometrische Gleichung $-4 \cdot \sin^2 x = -1$ im Standardintervall $[0°;360°]$.

$$-4 \cdot \sin^2 x = -1$$

$$\sin^2 x = 0.25 \Rightarrow \sin x = \pm\sqrt{0.25} = \pm 0.5$$

$$(1)\ \sin x = 0.5 \Rightarrow x = \arcsin 0.5 = 30° + n \cdot 360°, n \in \mathbb{Z}$$

$$\text{oder } x = 180° - 30° = 150° + n \cdot 360°, n \in \mathbb{Z}$$

$$(2)\ \sin x = -0.5 \Rightarrow x = \arcsin(-0.5) = -30° + 360° = 330° + n \cdot 360°, n \in \mathbb{Z}$$

$$\text{oder } x = 180° + 30° = 210° + n \cdot 360°, n \in \mathbb{Z}$$

Im Standardintervall $[0°;360°]$ liegen die Lösungen $30°, 150°, 210°, 330°$.

Weitere Beispiele: Löse folgende Gleichungen im Standardintervall $[0°;360°]$

(43) $4 \cdot \sin^2(x) = 2$ **Lösungsmenge:** $L = \{45°, 135°, 225°, 315°\}$

(44) $-8 \cdot \sin^2(2x) = -6$ **Lösungsmenge:** $L = \{30°, 60°, 120°, 150°, 210°, 240°, 300°, 330°\}$

(45) $5 \cdot \sin^2(x) = 5$ **Lösungsmenge:** $L = \{90°, 270°\}$

(46) $-6 \cdot \sin^2(2x) = -1$ **Lösungsmenge:** $L = \{12.05°, 77.95°, 102.05°, 167.95°, 192.05°, 257.95°, 282.05°, 347.95°\}$

(47) $7 \cdot \sin^2(x) = 2$ **Lösungsmenge:** $L = \{32.31°, 147.69°, 212.31°, 327.69°\}$

(48) $9 \cdot \sin^2(2x) = 4$ **Lösungsmenge:** $L = \{20.91°, 69.09°, 110.91°, 159.09°, 200.91°, 249.09°, 290.91°, 339.09°\}$

Beispiel: Löse die goniometrische Gleichung $9 \cdot \sin^2(2x) = 8$ im Standardintervall $[0;2\pi]$.

$$9 \cdot \sin^2(2x) = 8 \ |:9$$

$$\sin^2(2x) = \frac{8}{9} \approx 0.89 \Rightarrow \sin(2x) \approx \pm\sqrt{0.89} \approx \pm 0.94$$

$$(1)\ \sin(2x) \approx 0.94 \Rightarrow 2x \approx \arcsin 0.94 \approx 1.23 + n \cdot 2\pi, n \in \mathbb{Z} \ \Rightarrow x \approx 0.62 + n \cdot \pi, n \in \mathbb{Z}$$

$$\text{oder } 2x \approx \pi - 1.23 \approx 1.91 + n \cdot 2\pi, n \in \mathbb{Z} \ \Rightarrow x \approx 0.96 + n \cdot \pi, n \in \mathbb{Z}$$

$$(2)\ \sin(2x) \approx -0.94 \Rightarrow 2x \approx \arcsin(-0.94) \approx -1.23 + 2\pi = 5.05 + n \cdot 2\pi, n \in \mathbb{Z} \ \Rightarrow x \approx 2.53 + n \cdot \pi, n \in \mathbb{Z}$$

$$\text{oder } 2x \approx \pi + 1.23 \approx 4.37 + n \cdot 2\pi, n \in \mathbb{Z} \ \Rightarrow x \approx 2.19 + n \cdot \pi, n \in \mathbb{Z}$$

Im Standardintervall $[0;2\pi]$ liegen die Lösungen 0.62,0.96,2.19,2.53,3.76,4.10,5.33,5.67

Weitere Beispiele: Löse folgende Gleichungen im Standardintervall $[0;2\pi]$.

(49) $6 \cdot \sin^2(x) = 2$ **Lösungsmenge:** $L = \{0.62, 2.53, 3.76, 5.67\}$

(50) $5 \cdot \sin^2(2x) = 3$ **Lösungsmenge:** $L = \{0.44, 1.13, 2.01, 2.70, 3.58, 4.27, 5.16, 5.84\}$

(51) $-8 \cdot \sin^2(x) = -3$ **Lösungsmenge:** $L = \{0.66, 2.48, 3.80, 5.62\}$

(52) $3 \cdot \sin^2(2x) = 3$ **Lösungsmenge:** $L = \{0.79, 2.36, 3.93, 5.50\}$

(53) $7 \cdot \sin^2(x) = 5$ **Lösungsmenge:** $L = \{1.01, 2.13, 4.15, 5.28\}$

— Goniometrische Gleichungen mit einer trigonometrischen Funktion —

Gegeben sind goniometrische Gleichungen vom **Typ:** $\mathbf{a \cdot \cos^2(bx) = c}$

Beispiel: Löse die goniometrische Gleichung $-8 \cdot \cos^2 x = -2$ im Standardintervall $[0°;360°]$.

$$-8 \cdot \cos^2 x = -2 \,|: (-8)$$

$$\cos^2 x = 0.25$$

$$(1)\ \cos x = \sqrt{0.25} \Rightarrow x = \arccos\sqrt{0.25} = 60° + n \cdot 360°, n \in \mathbb{Z}$$

$$\text{oder } x = 360° - 60° = 300° + n \cdot 360°, n \in \mathbb{Z}$$

$$(2)\ \cos x = -\sqrt{0.25} \Rightarrow x = \arccos(-\sqrt{0.25}) = 120° + n \cdot 360°, n \in \mathbb{Z}$$

$$\text{oder } x = 360° - 120° = 240° + n \cdot 360°, n \in \mathbb{Z}$$

Im Standardintervall $[0°;360°]$ liegen die Lösungen 60°,120°,240°,300°.

Weitere Beispiele: Löse folgende Gleichungen im Standardintervall $[0°;360°]$

(54) $4 \cdot \cos^2(x) = 1$ **Lösungsmenge:** $L = \{60°, 120°, 240°, 300°\}$

(55) $8 \cdot \cos^2(2x) = 2$ **Lösungsmenge:** $L = \{30°, 60°, 120°, 150°, 210°, 240°, 300°, 330°\}$

(56) $-5 \cdot \cos^2(2x) = -5$ **Lösungsmenge:** $L = \{0°, 90°, 180°, 270°, 360°\}$

(57) $8 \cdot \cos^2(x) = 5$ **Lösungsmenge:** $L = \{37.76°, 142.24°, 217.76°, 322.24°\}$

(58) $7 \cdot \cos^2(2x) = 6$ **Lösungsmenge:** $L = \{11.10°, 78.90°, 101.10°, 168.90°, 191.10°, 258.90°, 281.10°, 348.90°\}$

(59) $9 \cdot \cos^2(x) = 4$ **Lösungsmenge:** $L = \{48.19°, 131.81°, 228.19°, 311.81°\}$

Beispiel: Löse die goniometrische Gleichung $8 \cdot \cos^2 x = 1$ im Standardintervall $[0;2\pi]$.

$$8 \cdot \cos^2 x = 1$$

$$\cos^2 x = 0.125$$

$$(1)\ \cos x = \sqrt{0.125} \Rightarrow x = \arccos\sqrt{0.125} \approx 1.21 + n \cdot 2\pi, n \in \mathbb{Z}$$

$$\text{oder } x \approx -1.21 + 2\pi \approx 5.07 + n \cdot 2\pi, n \in \mathbb{Z}$$

$$(2)\ \cos x = -\sqrt{0.125} \Rightarrow x = \arccos(-\sqrt{0.125}) \approx 1.93 + n \cdot 2\pi, n \in \mathbb{Z}$$

$$\text{oder } x \approx -1.93 + 2\pi \approx 4.35 + n \cdot 2\pi, n \in \mathbb{Z}$$

Im Standardintervall $[0;2\pi]$ liegen die Lösungen 1.21,1.93,4.35,5.07.

Weitere Beispiele: Löse folgende Gleichungen im Standardintervall $[0;2\pi]$.

(60) $6 \cdot \cos^2(x) = 3$ **Lösungsmenge:** $L = \{0.79, 2.36, 3.93, 5.50\}$

(61) $9 \cdot \cos^2(2x) = 4$ **Lösungsmenge:** $L = \{0.42, 1.15, 1.99, 2.72, 3.56, 4.29, 5.13, 5.86\}$

(62) $-5 \cdot \cos^2(2x) = -5$ **Lösungsmenge:** $L = \{0, 1.57, 3.14, 4.71, 6.28\}$

(63) $3 \cdot \cos^2(x) = 2$ **Lösungsmenge:** $L = \{0.62, 2.53, 3.76, 5.67\}$

(64) $4 \cdot \cos^2(2x) = 1$ **Lösungsmenge:** $L = \{0.52, 1.05, 2.09, 2.62, 3.67, 4.19, 5.24, 5.76\}$

Goniometrische Gleichungen mit einer trigonometrischen Funktion

Gegeben sind goniometrische Gleichungen vom **Typ:** $\mathbf{a \cdot \tan^2(bx) = c}$

Beispiel: Löse die goniometrische Gleichung $-3 \cdot \tan^2(2x) = -1$ im Standardintervall $[0°;360°]$.

$$-3 \cdot \tan^2(2x) = -1$$

$$\tan^2(2x) = \frac{1}{3} \Rightarrow \tan(2x) = \pm\frac{1}{\sqrt{3}}$$

$$\tan(2x) = \frac{1}{\sqrt{3}} \Rightarrow 2x = \arctan\frac{1}{\sqrt{3}} = 30° + n \cdot 180° \Rightarrow x = 15° + n \cdot 90°, n \in \mathbb{Z}$$

$$\tan(2x) = -\frac{1}{\sqrt{3}} \Rightarrow 2x = \arctan\left(-\frac{1}{\sqrt{3}}\right) = -30° + 180° = 150° + n \cdot 180° \Rightarrow x = 75° + n \cdot 90°, n \in \mathbb{Z}$$

Im Standardintervall $[0°;360°]$ liegen die Lösungen $15°, 75°, 105°, 165°, 195°, 255°, 285°, 345°$

Weitere Beispiele: Löse folgende Gleichungen im Standardintervall $[0°;360°]$

(65) $\tan^2(2x) = 3$ **Lösungsmenge:** $L = \{30°, 60°, 120°, 150°, 210°, 240°, 300°, 330°\}$

(66) $4 \cdot \tan^2(x) = 4$ **Lösungsmenge:** $L = \{45°, 135°, 225°, 315°\}$

(67) $-3 \cdot \tan^2(x) = -1$ **Lösungsmenge:** $L = \{30°, 150°, 210°, 330°\}$

(68) $8 \cdot \tan^2(x) = 9$ **Lösungsmenge:** $L = \{46.69°, 133.31°, 226.69°, 313.31°\}$

(69) $-6 \cdot \tan^2(2x) = -1$ **Lösungsmenge:** $L = \{11.10°, 78.90°, 101.10°, 168.90°, 191.10°, 258.90°, 281.10°, 348.90°\}$

(70) $2 \cdot \tan^2(x) = 7$ **Lösungsmenge:** $L = \{61.87°, 118.13°, 241.87°, 298.13°\}$

Beispiel: Löse die goniometrische Gleichung $-\tan^2(2x) = -9$ im Standardintervall $[0;2\pi]$.

$$-\tan^2 x = -9 \,|\cdot(-1)$$

$$\tan^2 x = 9 \Rightarrow \tan x = \pm 3$$

$$\tan x = 3 \Rightarrow x = \arctan 3 \approx 1.25 + n \cdot \pi, n \in \mathbb{Z}$$

$$\tan x = -3 \Rightarrow x = \arctan(-3) \approx -1.25 + \pi \approx 1.89 + n \cdot \pi, n \in \mathbb{Z}$$

Im Standardintervall $[0;2\pi]$ liegen die Lösungen $1.25, 1.89, 4.39, 5.03$.

Weitere Beispiele: Löse folgende Gleichungen im Standardintervall $[0;2\pi]$.

(71) $3 \cdot \tan^2(x) = 5$ **Lösungsmenge:** $L = \{0.91, 2.23, 4.05, 5.37\}$

(72) $-7 \cdot \tan^2(2x) = -4$ **Lösungsmenge:** $L = \{0.32, 1.25, 1.89, 2.82, 3.47, 4.39, 5.04, 5.96\}$

(73) $6 \cdot \tan^2(x) = 3$ **Lösungsmenge:** $L = \{0.62, 2.53, 3.76, 5.67\}$

(74) $8 \cdot \tan^2(2x) = 1$ **Lösungsmenge:** $L = \{0.17, 1.40, 1.74, 2.97, 3.31, 4.54, 4.88, 6.11\}$

(75) $5 \cdot \tan^2(x) = 9$ **Lösungsmenge:** $L = \{0.93, 2.21, 4.07, 5.35\}$

(76) $-9 \cdot \tan^2(2x) = -7$ **Lösungsmenge:** $L = \{0.36, 1.21, 1.93, 2.78, 3.50, 4.35, 5.07, 5.92\}$

— Goniometrische Gleichungen mit zwei trigonometrischen Funktionen —

Gegeben sind goniometrische Gleichungen vom **Typ:** $\mathbf{a \cdot \sin(bx) = c \cdot \cos(bx)}$

Beispiel: Löse die goniometrische Gleichung $3 \cdot \sin(2x) = 7 \cdot \cos(2x)$ im Standardintervall $[0°;360°]$.

$$3 \cdot \sin(2x) = 7 \cdot \cos(2x)$$

$$\frac{\sin 2x}{\cos 2x} = \frac{7}{3} \Leftrightarrow \tan 2x = \frac{7}{3}$$

$$2x = \arctan\frac{7}{3} \approx 66.80° + n \cdot 180°, n \in \mathbb{Z} \Rightarrow x \approx 33.40° + n \cdot 90°, n \in \mathbb{Z}$$

Im Standardintervall $[0°,360°]$ liegen die Lösungen 33.40°,123.40°,213.40°,303.40°

Weitere Beispiele: Löse folgende Gleichungen im Standardintervall $[0°;360°]$

(77) $7 \cdot \sin(2x) = 4 \cdot \cos(2x)$ **Lösungsmenge:** $L = \{14.87°, 104.87°, 194.87°, 284.87°\}$

(78) $-2 \cdot \sin(x) = -9 \cdot \cos(x)$ **Lösungsmenge:** $L = \{77.47°, 257.47°\}$

(79) $3 \cdot \sin(2x) = 4 \cdot \cos(2x)$ **Lösungsmenge:** $L = \{26.57°, 116.57°, 206.57°, 296.57°\}$

(80) $8 \cdot \sin(x) = 9 \cdot \cos(x)$ **Lösungsmenge:** $L = \{48.37°, 228.37°\}$

(81) $\sin(2x) = 8 \cdot \cos(2x)$ **Lösungsmenge:** $L = \{41.44°, 131.44°, 221.44°, 311.44°\}$

(82) $5 \cdot \sin(x) = 3 \cdot \cos(x)$ **Lösungsmenge:** $L = \{30.96°, 210.96°\}$

Beispiel: Löse die goniometrische Gleichung $7 \cdot \sin x = 5 \cdot \cos x$ im Standardintervall $[0;2\pi]$.

$$7 \cdot \sin x = 5 \cdot \cos x$$

$$\frac{\sin x}{\cos x} = \frac{5}{7} \Leftrightarrow \tan x = \frac{5}{7}$$

$$x = \arctan\frac{5}{7} \approx 0.62 + n \cdot \pi, n \in \mathbb{Z}$$

Im Standardintervall $[0;2\pi]$ liegen die Lösungen 0.62,3.76.

Weitere Beispiele: Löse folgende Gleichungen im Standardintervall $[0;2\pi]$.

(83) $7 \cdot \sin(x) = 9 \cdot \cos(x)$ **Lösungsmenge:** $L = \{0.91, 4.05\}$

(84) $-3 \cdot \sin(2x) = -2 \cdot \cos(2x)$ **Lösungsmenge:** $L = \{0.29, 1.86, 3.44, 5.01\}$

(85) $6 \cdot \sin(x) = \cos(x)$ **Lösungsmenge:** $L = \{0.17, 3.31\}$

(86) $8 \cdot \sin(2x) = 3 \cdot \cos(2x)$ **Lösungsmenge:** $L = \{0.18, 1.75, 3.32, 4.89\}$

(87) $-2 \cdot \sin(x) = -3 \cdot \cos(x)$ **Lösungsmenge:** $L = \{0.98, 4.12\}$

(88) $9 \cdot \sin(2x) = 2 \cdot \cos(2x)$ **Lösungsmenge:** $L = \{0.11, 1.68, 3.25, 4.82\}$

(89) $-\sin(x) = -9 \cdot \cos(x)$ **Lösungsmenge:** $L = \{1.46, 4.60\}$

(90) $5 \cdot \sin(2x) = 3 \cdot \cos(2x)$ **Lösungsmenge:** $L = \{0.27, 1.84, 3.41, 4.98\}$

— Goniometrische Gleichungen mit zwei trigonometrischen Funktionen —

Gegeben sind goniometrische Gleichungen vom **Typ:** $\mathbf{a\cdot \sin(bx) = c\cdot \tan(bx)}$

Beispiel: Löse die goniometrische Gleichung $6\cdot\sin x = 3\cdot\tan x$ im Standardintervall $[0°;360°]$.

$$6\cdot\sin x = 3\cdot\tan x \Leftrightarrow 2\cdot\sin x = \frac{\sin x}{\cos x}\,\Big|\cdot\cos x$$

$$2\cdot\sin x\cdot\cos x = \sin x$$

$$2\cdot\sin x\cdot\cos x - \sin x = 0$$

$$\sin x\cdot(2\cdot\cos x - 1) = 0$$

$$\sin x = 0 \Rightarrow x = 0° + n\cdot 360°, n\in\mathbb{Z} \text{ oder } x = 180° + n\cdot 360°, n\in\mathbb{Z}$$

$$2\cdot\cos x - 1 = 0 \Leftrightarrow \cos x = 0.5 \Rightarrow x = \arccos 0.5 = 60° + n\cdot 360°, n\in\mathbb{Z} \text{ oder } x = 300° + n\cdot 360°, n\in\mathbb{Z}$$

Im Standardintervall $[0°;360°]$ liegen die Lösungen $0°, 60°, 180°, 300°, 360°$

Weitere Beispiele: Löse folgende Gleichungen im Standardintervall $[0°;360°]$

(91) $8\cdot\sin(x) = 4\cdot\tan(x)$ **Lösungsmenge:** $L = \{0°, 60°, 180°, 300°, 360°\}$

(92) $4\cdot\sin(2x) = 2\cdot\tan(2x)$ **Lösungsmenge:** $L = \{0°, 30°, 90°, 150°, 180°, 210°, 270°, 330°, 360°\}$

(93) $5\cdot\sin(2x) = 5\cdot\tan(2x)$ **Lösungsmenge:** $L = \{0°, 90°, 180°, 270°, 360°\}$

(94) $7\cdot\sin(2x) = 4\cdot\tan(2x)$ **Lösungsmenge:** $L = \{0°, 27.58°, 90°, 152.43°, 180°, 207.58°, 270°, 332.43°, 360°\}$

(95) $-8\cdot\sin(x) = -7\cdot\tan(x)$ **Lösungsmenge:** $L = \{0°, 28.96°, 180°, 331.05°, 360°\}$

(96) $3\cdot\sin(x) = 2\cdot\tan(x)$ **Lösungsmenge:** $L = \{0°, 48.19°, 180°, 311.81°, 360°\}$

Beispiel: Löse die goniometrische Gleichung $9\cdot\sin x = 2\cdot\tan x$ im Standardintervall $[0;2\pi]$.

$$9\cdot\sin x = 2\cdot\tan x \Leftrightarrow 9\cdot\sin x = 2\cdot\frac{\sin x}{\cos x}\,\Big|\cdot\cos x$$

$$9\cdot\sin x\cdot\cos x = 2\cdot\sin x \Leftrightarrow 9\cdot\sin x\cdot\cos x - 2\cdot\sin x = 0 \,\Big|\ \sin x \text{ herausheben}$$

$$\sin x\cdot(9\cdot\cos x - 2) = 0$$

$$\sin x = 0 \Rightarrow x = 0 + n\cdot 2\pi, n\in\mathbb{Z}, \text{oder } x \approx 3.14 + n\cdot 2\pi, n\in\mathbb{Z}$$

$$9\cdot\cos x - 2 = 0 \Leftrightarrow \cos x = \frac{2}{9} \Rightarrow x = \arccos\frac{2}{9} \approx 1.35 + n\cdot 2\pi \text{ oder } x \approx 6.28 - 1.35 \approx 4.94 + n\cdot 2\pi, n\in\mathbb{Z}$$

Im Standardintervall $[0;2\pi]$ liegen die Lösungen 0,1.35,3.14,4.94,6.28

Weitere Beispiele: Löse folgende Gleichungen im Standardintervall $[0;2\pi]$.

(97) $7\cdot\sin(x) = 6\cdot\tan(x)$ **Lösungsmenge:** $L = \{0, 0.54, 3.14, 5.74, 6.28\}$

(98) $8\cdot\sin(2x) = 7\cdot\tan(2x)$ **Lösungsmenge:** $L = \{0, 0.25, 1.57, 2.89, 3.14, 3.39, 4.71, 6.03, 6.28\}$

(99) $-4\cdot\sin(x) = -2\cdot\tan(x)$ **Lösungsmenge:** $L = \{0, 1.05, 3.14, 5.24, 6.28\}$

(100) $3\cdot\sin(2x) = 3\cdot\tan(2x)$ **Lösungsmenge:** $L = \{0, 1.57, 3.14, 4.71, 6.28\}$

(101) $-5\cdot\sin(x) = -4\cdot\tan(x)$ **Lösungsmenge:** $L = \{0, 0.64, 3.14, 5.64, 6.28\}$

— Goniometrische Gleichungen mit zwei trigonometrischen Funktionen —

Gegeben sind goniometrische Gleichungen vom **Typ: $a \cdot \cos(bx) = c \cdot \tan(bx)$**

Beispiel: Löse die goniometrische Gleichung $2 \cdot \cos x = 3 \cdot \tan x$ im Standardintervall $[0°;360°]$.

$$2 \cdot \cos x = 3 \cdot \tan x \Leftrightarrow 2 \cdot \cos x = 3 \cdot \frac{\sin x}{\cos x} \quad | \cdot \cos x$$

$$2 \cdot \cos^2 x = 3 \cdot \sin x \quad \text{Hinweis: } \sin^2 x + \cos^2 x = 1 \Rightarrow \cos^2 x = 1 - \sin^2 x$$

$$2 \cdot (1 - \sin^2 x) = 3 \cdot \sin x$$

$$2\sin^2 x + 3 \cdot \sin x - 2 = 0$$

$$(\sin x)_{1,2} = \frac{-3 \pm \sqrt{9+16}}{4} = \frac{-3 \pm 5}{4}$$

$$(\sin x)_1 = 0.5 \Rightarrow x_1 = \arcsin 0.5 = 30° + n \cdot 360° \text{ oder } x_1 = 180° - 30° = 150° + n \cdot 360, n \in \mathbb{Z}$$

$$(\sin x)_2 \approx -2 < -1, \text{daher keine Lösung!}$$

Im Standardintervall $[0°;360°]$ liegen die Lösungen 30°,150°.

Weitere Beispiele: Löse folgende Gleichungen im Standardintervall $[0°;360°]$

(102) $4 \cdot \cos(x) = 6 \cdot \tan(x)$ **Lösungsmenge:** $L = \{30°, 150°\}$

(103) $6 \cdot \cos(2x) = 9 \cdot \tan(2x)$ **Lösungsmenge:** $L = \{15°, 75°, 195°, 255°\}$

(104) $7 \cdot \cos(2x) = 5 \cdot \tan(2x)$ **Lösungsmenge:** $L = \{22.40°, 67.60°, 202.40°, 247.60°\}$

(105) $8 \cdot \cos(x) = 2 \cdot \tan(x)$ **Lösungsmenge:** $L = \{61.98°, 118.02°\}$

(106) $-7 \cdot \cos(2x) = -3 \cdot \tan(2x)$ **Lösungsmenge:** $L = \{26.97°, 63.03°, 206.97°, 243.03°\}$

Beispiel: Löse die goniometrische Gleichung $2 \cdot \cos x = 9 \cdot \tan x$ im Standardintervall $[0;2\pi]$.

$$2 \cdot \cos x = 9 \cdot \tan x \Leftrightarrow 2 \cdot \cos x = 9 \cdot \frac{\sin x}{\cos x} \quad | \cdot \cos x$$

$$2 \cdot \cos^2 x = 9 \cdot \sin x \quad \text{Hinweis: } \sin^2 x + \cos^2 x = 1 \Rightarrow \cos^2 x = 1 - \sin^2 x$$

$$2 \cdot (1 - \sin^2 x) = 9 \cdot \sin x$$

$$2\sin^2 x + 9 \cdot \sin x - 2 = 0$$

$$(\sin x)_{1,2} = \frac{-9 \pm \sqrt{81+16}}{4} \approx \frac{-9 \pm \sqrt{97}}{4}$$

$$(\sin x)_1 \approx 0.212 \Rightarrow x_1 \approx \arcsin 0.212 \approx 0.21 + n \cdot 2\pi, n \in \mathbb{Z} \text{ oder } x_1 \approx \pi - 0.21 \approx 2.93 + n \cdot 2\pi, n \in \mathbb{Z}$$

$$(\sin x)_2 \approx -2.30 < -1, \text{daher keine Lösung!}$$

Im Standardintervall $[0;2\pi]$ liegen die Lösungen 0.21,2.93.

Weitere Beispiele: Löse folgende Gleichungen im Standardintervall $[0;2\pi]$.

(107) $5 \cdot \cos(x) = 6 \cdot \tan(x)$ **Lösungsmenge:** $L = \{0.60, 2.54\}$

(108) $9 \cdot \cos(2x) = 7 \cdot \tan(2x)$ **Lösungsmenge:** $L = \{0.38, 1.19, 3.52, 4.34\}$

(109) $-3 \cdot \cos(x) = -8 \cdot \tan(x)$ **Lösungsmenge:** $L = \{0.34, 2.80\}$

(110) $4 \cdot \cos(2x) = 5 \cdot \tan(2x)$ **Lösungsmenge:** $L = \{0.29, 1.28, 3.44, 4.42\}$

— Goniometrische Gleichungen mit trigonometrischen Funktionen des — einfachen und doppelten Winkels

Gegeben sind goniometrische Gleichungen vom **Typ:** $\mathbf{a \cdot \sin(2bx) = c \cdot \sin(bx)}$

Beispiel: Löse die goniometrische Gleichung $7\cdot\sin(2x)=5\cdot\sin(x)$ im Standardintervall $[0°;360°]$.

$$7\cdot\sin(2x)=5\cdot\sin(x) \quad \text{Hinweis: } \sin(2x)=2\sin x\cos x$$

$$7\cdot 2\cdot\sin x\cos x=5\cdot\sin(x)$$

$$\sin x(14\cos x-5)=0$$

$$\sin x=0 \Rightarrow x=\arcsin 0=0°,180°,360°+n\cdot 360°,n\in\mathbb{Z}$$

$$14\cos x-5=0 \Leftrightarrow \cos x=\frac{5}{14} \Rightarrow x=\arccos\frac{5}{14}\approx 69.08°,290,92°+n\cdot 360°,n\in\mathbb{Z}$$

Im Standardintervall $[0°;360°]$ liegen die Lösungen 0°,69.08°,180°,290.92°,360°.

Weitere Beispiele: Löse folgende Gleichungen im Standardintervall $[0°;360°]$

(111) $6\cdot\sin(2x)=7\cdot\sin(x)$ **Lösungsmenge:** $L=\{0°,54.31°,180°,305.69°,360°\}$

(112) $4\cdot\sin(4x)=4\cdot\sin(2x)$ **Lösungsmenge:** $L=\{0°,30°,90°,150°,180°,210°,270°,330°,360°\}$

(113) $6\cdot\sin(2x)=-4\cdot\sin(x)$ **Lösungsmenge:** $L=\{0°,109.47°,180°,250.53°,360°\}$

(114) $-8\cdot\sin(4x)=7\cdot\sin(2x)$ **Lösungsmenge:** $L=\{0°,57.97°,90°,122.03°,180°,237.97°,270°,302.03°,360°\}$

(115) $3\cdot\sin(2x)=2\cdot\sin(x)$ **Lösungsmenge:** $L=\{0°,70.53°,180°,289.47°,360°\}$

Beispiel: Löse die goniometrische Gleichung $9\cdot\sin(4x)=-4\cdot\sin(2x)$ im Standardintervall $[0;2\pi]$.

$$9\cdot\sin(4x)=-4\cdot\sin(2x)$$

$$9\cdot\sin(2(2x))=-4\cdot\sin(2x) \quad \text{Hinweis: } \sin(2\cdot(2x))=2\sin(2x)\cos(2x)$$

$$9\cdot 2\cdot\sin(2x)\cos(2x)=-4\cdot\sin(2x)$$

$$\sin(2x)(18\cos(2x)+4)=0$$

$$\sin 2x=0 \Rightarrow 2x=\arcsin 0=0,\pi,2\pi+n\cdot 2\pi,n\in\mathbb{Z} \Rightarrow x\approx 0,1.57,3.14+n\cdot\pi,n\in\mathbb{Z}$$

$$18\cos 2x+4=0 \Leftrightarrow \cos 2x=-\frac{4}{18} \Rightarrow 2x=\arccos-\frac{4}{18}\approx 1.79,4.49+n\cdot 2\pi \Rightarrow x\approx 0.90,2.24+n\cdot\pi,n\in\mathbb{Z}$$

Im Standardintervall $[0;2\pi]$ liegen die Lösungen 0,0.90,1.57,2.24,3.14,4.04,4.71,5.38,6.28.

Weitere Beispiele: Löse folgende Gleichungen im Standardintervall $[0;2\pi]$.

(116) $-7\cdot\sin(4x)=4\cdot\sin(2x)$ **Lösungsmenge:** $L=\{0,0.93,1.57,2.21,3.14,4.07,4.71,5.35,6.28\}$

(117) $8\cdot\sin(2x)=5\cdot\sin(x)$ **Lösungsmenge:** $L=\{0,1.25,3.14,5.03,6.28\}$

(118) $-9\cdot\sin(4x)=-2\cdot\sin(2x)$ **Lösungsmenge:** $L=\{0,0.73,1.57,2.41,3.14,3.87,4.71,5.55,6.28\}$

(119) $5\cdot\sin(2x)=-7\cdot\sin(x)$ **Lösungsmenge:** $L=\{0,2.35,3.14,3.93,6.28\}$

(120) $-6\cdot\sin(2x)=\sin(x)$ **Lösungsmenge:** $L=\{0,1.65,3.14,4.63,6.28\}$

Goniometrische Gleichungen mit trigonometrischen Funktionen des einfachen und doppelten Winkels

Gegeben sind goniometrische Gleichungen vom **Typ:** $\mathbf{a \cdot \sin(2bx) = c \cdot \cos(bx)}$

Beispiel: Löse die goniometrische Gleichung $8 \cdot \sin(2x) = 6 \cdot \cos(x)$ im Standardintervall $[0°;360°]$.

$$8 \cdot \sin(2x) = 6 \cdot \cos(x) \Leftrightarrow 4 \cdot \sin(2x) = 3 \cdot \cos(x) \quad \text{Hinweis: } \sin(2x) = 2\sin x \cos x$$

$$4 \cdot 2 \cdot \sin x \cos x = 3 \cdot \cos(x)$$

$$\cos x (8 \sin x - 3) = 0$$

$$\cos x = 0 \Rightarrow x = \arccos 0 = 90°, 270° + n \cdot 360°, n \in \mathbb{Z}$$

$$8 \sin x - 3 = 0 \Leftrightarrow \sin x = \frac{3}{8} \Rightarrow x = \arcsin \frac{3}{8} \approx 22.02°, 157.98° + n \cdot 360°, n \in \mathbb{Z}$$

Im Standardintervall $[0°;360°]$ liegen die Lösungen 22.02°,90°,157.98°,270°.

Weitere Beispiele: Löse folgende Gleichungen im Standardintervall $[0°;360°]$

(121) $-5 \cdot \sin(2x) = \cos(x)$ **Lösungsmenge:** $L = \{90°, 185.74°, 270°, 354.26°\}$

(122) $7 \cdot \sin(2x) = 4 \cdot \cos(x)$ **Lösungsmenge:** $L = \{16.60°, 90°, 163.40°, 270°\}$

(123) $5 \cdot \sin(4x) = -2 \cdot \cos(2x)$ **Lösungsmenge:** $L = \{45°, 95.77°, 135°, 174.23°, 225°, 275.77°, 315°, 354.23°\}$

(124) $5 \cdot \sin(2x) = 4 \cdot \cos(x)$ **Lösungsmenge:** $L = \{23.58°, 90°, 156.42°, 270°\}$

(125) $-7 \cdot \sin(4x) = -9 \cdot \cos(2x)$ **Lösungsmenge:** $L = \{20°, 45°, 70°, 135°, 200°, 225°, 250°, 315°\}$

Beispiel: Löse die goniometrische Gleichung $5 \cdot \sin(4x) = -\cos(2x)$ im Standardintervall $[0;2\pi]$.

$$5 \cdot \sin(2(2x)) = -\cos(2x) \quad \text{Hinweis: } \sin(2 \cdot (2x)) = 2\sin(2x)\cos(2x)$$

$$5 \cdot 2 \cdot \sin(2x)\cos(2x) = -\cos(2x)$$

$$\cos(2x)(10\sin(2x) + 1) = 0$$

$$\cos 2x = 0 \Rightarrow 2x = \arccos 0 = \frac{\pi}{2}, \frac{3\pi}{2} + n \cdot 2\pi, n \in \mathbb{Z} \Rightarrow x \approx 0.79, 2.36 + n \cdot \pi, n \in \mathbb{Z}$$

$$10 \sin 2x + 1 = 0 \Leftrightarrow \sin 2x = -\frac{1}{10} \Rightarrow 2x = \arcsin -\frac{1}{10} \approx 3.24, 6.18 + n \cdot 2\pi \Rightarrow x \approx 1.62, 3.09 + n \cdot \pi, n \in \mathbb{Z}$$

Im Standardintervall $[0;2\pi]$ liegen die Lösungen 0.79,1.62,2.36,3.09,3.93,4.76,5.50,6.23.

Weitere Beispiele: Löse folgende Gleichungen im Standardintervall $[0;2\pi]$.

(126) $-4 \cdot \sin(4x) = 3 \cdot \cos(2x)$ **Lösungsmenge:** $L = \{0.79, 1.76, 2.36, 2.95, 3.93, 4.90, 5.50, 6.09\}$

(127) $9 \cdot \sin(2x) = 7 \cdot \cos(x)$ **Lösungsmenge:** $L = \{0.40, 1.57, 2.74, 4.71\}$

(128) $-5 \cdot \sin(4x) = -3 \cdot \cos(2x)$ **Lösungsmenge:** $L = \{0.15, 0.79, 1.42, 2.36, 3.29, 3.93, 4.56, 5.50\}$

(129) $7 \cdot \sin(2x) = -9 \cdot \cos(x)$ **Lösungsmenge:** $L = \{1.57, 3.84, 4.71, 5.58\}$

(130) $5 \cdot \sin(2x) = 2 \cdot \cos(x)$ **Lösungsmenge:** $L = \{0.20, 1.57, 2.94, 4.71\}$

—— Goniometrische Gleichungen mit trigonometrischen Funktionen des —— einfachen und doppelten Winkels

Gegeben sind goniometrische Gleichungen vom **Typ:** $\mathbf{a \cdot \cos(2bx) + c \cdot \sin(bx) = d}$

Beispiel: Löse die Gleichung $9 \cdot \cos(4x) - 8 \cdot \sin(2x) = 5$ im Standardintervall $[0°;360°]$.

$$9 \cdot \cos(2(2x)) - 8 \cdot \sin(2x) = 5 \quad \text{Hinweis: } \cos(2 \cdot (2x)) = \cos^2(2x) - \sin^2(2x) = 1 - 2\sin^2(2x)$$
$$9 \cdot (1 - 2\sin^2(2x)) - 8 \cdot \sin(2x) = 5$$
$$18\sin^2(2x) + 8\sin(2x) - 4 = 0 \Leftrightarrow 9\sin^2(2x) + 4\sin(2x) - 2 = 0$$
$$(\sin(2x))_{1,2} = \frac{-4 \pm \sqrt{16+72}}{18} \approx \frac{-4 \pm 9.38}{18}$$
$$\sin(2x)_1 \approx 0.30 \Rightarrow 2x \approx \arcsin 0.30 \approx 17.39°, 162.61° + n \cdot 360°, n \in \mathbb{Z}$$
$$x \approx 8.70°, 81.30° + n \cdot 180°, n \in \mathbb{Z}$$
$$\sin(2x)_2 \approx -0.74 \Rightarrow 2x \approx \arcsin -0.74 \approx 228.02°, 311.98° + n \cdot 360°, n \in \mathbb{Z}$$
$$x \approx 114.01°, 155.99° + n \cdot 180°, n \in \mathbb{Z}$$

Im Standardintervall $[0°;360°]$ liegen die Lösungen 8.70°,81.30°,114.01°,155.99°,188.70°,261.30°,294.01,335.99°.

Weitere Beispiele: Löse folgende Gleichungen im Standardintervall $[0°;360°]$

(131) $\cos(4x) + \sin(2x) = 1$ **Lösungsmenge:** $L = \{0°, 15°, 75°, 90°, 180°, 195°, 255°, 270°, 360°\}$

(132) $9 \cdot \cos(2x) - \sin(x) = 4$ **Lösungsmenge:** $L = \{30°, 150°, 213.75°, 326.25°\}$

(133) $5 \cdot \cos(2x) + 7 \cdot \sin(x) = 5$ **Lösungsmenge:** $L = \{0°, 44.43°, 135.57°, 180°, 360°\}$

(134) $8 \cdot \cos(4x) - 5 \cdot \sin(2x) = -1$ **Lösungen:** $L = \{18.79°, 71.21°, 123.64°, 146.36°, 198.79°, 251.21°, 303.64°, 326.36°\}$

Gegeben sind goniometrische Gleichungen vom **Typ:** $\mathbf{a \cdot \cos(2bx) + c \cdot \cos(bx) = d}$

Beispiel: Löse die Gleichung $7 \cdot \cos(2x) - 2 \cdot \cos(x) = 4$ im Standardintervall $[0;2\pi]$.

$$7 \cdot \cos(2x) - 2 \cdot \cos(x) = 4 \quad \text{Hinweis: } \cos(2x) = \cos^2 x - \sin^2 x = 2\cos^2 x - 1$$
$$7 \cdot (2\cos^2(x) - 1) - 2 \cdot \cos(x) = 4$$
$$14\cos^2(x) - 2\cos(x) - 11 = 0$$
$$(\cos(x))_{1,2} = \frac{2 \pm \sqrt{4+616}}{28} \approx \frac{2 \pm 24.90}{28}$$
$$\cos(x)_1 \approx 0.96$$
$$x \approx \arccos 0.96 \approx 0.28, 6.00 + n \cdot 2\pi, n \in \mathbb{Z}$$
$$\cos(x)_2 \approx -0.82 \Rightarrow$$
$$x \approx \arccos(-0.82) \approx 2.53, 3.75 + n \cdot 2\pi, n \in \mathbb{Z}$$

Im Standardintervall $[0;2\pi]$ liegen die Lösungen 0.28,2.53,3.75,6.00.

Weitere Beispiele: Löse folgende Gleichungen im Standardintervall $[0;2\pi]$.

(135) $-8 \cdot \cos(2x) + 3 \cdot \cos(x) = 2$ **Lösungsmenge:** $L = \{0.78, 2.12, 4.16, 5.51\}$

(136) $5 \cdot \cos(4x) - 9 \cdot \cos(2x) = -5$ **Lösungsmenge:** $L = \{0.23, 0.79, 2.36, 2.92, 3.37, 3.93, 5.50, 6.06\}$

(137) $4 \cdot \cos(2x) + 6 \cdot \cos(x) = -3$ **Lösungsmenge:** $L = \{1.43, 2.67, 3.61, 4.85\}$

(138) $5 \cdot \cos(2x) - 4 \cdot \cos(x) = 0$ **Lösungsmenge:** $L = \{0.36, 2.14, 4.15, 5.92\}$

Lineare Ungleichungen mit einer Variablen

Unter der **Normalform einer linearen Ungleichung** mit einer Variablen versteht man eine Ungleichung der Gestalt $\mathbf{ax+b<0, ax+b\leq 0, ax+b>0}$ **oder** $\mathbf{ax+b\geq 0}$ mit $a\neq 0, b\in\mathbb{R}$.

Jede Ungleichung, die durch Äquivalenzumformungen auf eine der obigen Normalformen gebracht werden kann, bezeichnet man als lineare Ungleichung.

Die wichtigsten **Äquivalenzumformungen** sind:

Auf *beiden Seiten* der Gleichung

- dieselbe Zahl oder denselben Term addieren,
- dieselbe Zahl oder denselben Term subtrahieren,
- mit derselben Zahl $\neq 0$ oder demselben Term $\neq 0$ multiplizieren,
- durch dieselbe Zahl $\neq 0$ oder denselben Term $\neq 0$ dividieren.

Beachte: **(1)** Beim Multiplizieren mit einer *negativen* Zahl bzw. beim Dividieren durch eine *negative* Zahl dreht sich das Ungleichheitszeichen um.

(2) Beim Multiplizieren mit einem Term oder beim Dividieren durch einen Term sind die Fälle $T>0$ und $T<0$ getrennt zu untersuchen. (Fallunterscheidung!). Im ersten Fall bleibt das Ungleichheitszeichen unverändert, im zweiten Fall dreht es sich um.

Gegeben sind lineare Ungleichungen vom **Typ:** $\mathbf{ax+b<c, ax+b\leq c, ax+b>c}$ **oder** $\mathbf{ax+b\geq c}$

Beispiele: Ermittle die Lösungsmenge folgender Ungleichungen in $\mathbb{R}$.

(a) $\mathbf{2x+3<11}$

$$\begin{aligned} 2x+3&<11 \quad |-3 \\ 2x+3-3&<11-3 \\ 2x&<8 \quad |:2>0 \\ x&<4 \end{aligned}$$

$\mathbf{L=\{x\in\mathbb{R}\,|\,x<4\}}$

(b) $\mathbf{\frac{1}{2}x-7\leq 8}$

$$\begin{aligned} \tfrac{1}{2}x-7&\leq 8 \quad |+7 \\ \tfrac{1}{2}x-7+7&\leq 8+7 \\ \tfrac{1}{2}x&\leq 15 \quad |\cdot 2>0 \\ x&\leq 30 \end{aligned}$$

$\mathbf{L=\{x\in\mathbb{R}\,|\,x\leq 30\}}$

(c) $\mathbf{-3x+9>27}$

$$\begin{aligned} -3x+9&>27 \quad |-9 \\ -3x+9-9&>27-9 \\ -3x&>18 \quad |:-3<0 \\ x&<-6 \end{aligned}$$

$\mathbf{L=\{x\in\mathbb{R}\,|\,x<-6\}}$

(d) $\mathbf{5+\frac{x}{3}\geq 9}$

$$\begin{aligned} 5+\tfrac{x}{3}&\geq 9 \quad |\cdot 3>0 \\ 15+x&\geq 27 \quad |-15 \\ 15-15+x&\geq 27-15 \\ x&\geq 12 \end{aligned}$$

$\mathbf{L=\{x\in\mathbb{R}\,|\,x\geq 12\}}$

Weitere Beispiele:

(01) $4x+7<19; \frac{2}{3}x-5\leq 1; 11+3x>23; 7+\frac{1}{4}x\geq 12$ **Lösungsmengen**: $x<3; x\leq 9; x>4; x\geq 20$

(02) $8x-12<28; 15+4y\leq 19; \frac{3}{5}z-5>10; 6+\frac{u}{2}\geq 12$ **Lösungsmengen**: $x<5; y\leq 1; z>25; u\geq 12$

Gegeben sind lineare Ungleichungen vom **Typ:** $\mathbf{ax+b<cx+d, ax+b>cx+d}$ oder $\mathbf{ax+b\leq cx+d}$

Beispiele: Ermittle die Lösungsmenge folgender Ungleichungen in $\mathbb{R}$.

(a) $\mathbf{3x-5<x+9}$

$$\begin{aligned} 3x-5&<x+9 \quad |+5 \\ 3x&<x+14 \quad |-x \\ 2x&<14 \quad |:2>0 \\ x&<7 \end{aligned}$$

$\mathbf{L=\{x\in\mathbb{R}\,|\,x<7\}}$

(b) $\mathbf{\frac{2}{3}y+4>7-\frac{1}{3}y}$

$$\begin{aligned} \tfrac{2}{3}y+4&>7-\tfrac{1}{3}y \quad |-4 \\ \tfrac{2}{3}y&>3-\tfrac{1}{3}y \quad |+\tfrac{1}{3}y \\ y&>3 \end{aligned}$$

$\mathbf{L=\{y\in\mathbb{R}\,|\,y>3\}}$

(c) $\mathbf{3z-(5+z)\leq 7+z}$

$$\begin{aligned} 3z-5-z&\leq 7+z \\ 2z-5&\leq 7+z \quad |-z+5 \\ 2z-5-z+5&\leq 7+z-z+5 \\ z&\leq 12 \end{aligned}$$

$\mathbf{L=\{z\in\mathbb{R}\,|\,z\leq 12\}}$

Weitere Beispiele:

(03) $8x-74<5x-41$ **Lösungsmenge** $\mathbf{L=\{x\in\mathbb{R}\,|\,x<11\}}$

(04) $\frac{3}{4}y-2>3-\frac{1}{4}y$ **Lösungsmenge** $\mathbf{L=\{y\in\mathbb{R}\,|\,y>5\}}$

(05) $6z+12\leq -12-6z$ **Lösungsmenge** $\mathbf{L=\{z\in\mathbb{R}\,|\,z\leq -2\}}$

(06) $7-(5+2x)>-3x$ **Lösungsmenge** $\mathbf{L=\{x\in\mathbb{R}\,|\,x>-2\}}$

(07) $4(y-3)\leq 2y-3(y-1)$ **Lösungsmenge** $\mathbf{L=\{y\in\mathbb{R}\,|\,y\leq 3\}}$

Gegeben sind lineare Ungleichungen vom **Typ:** $\mathbf{ax+b-[cx+d+e(fx+g)+h]<k(lx+m)}$

Beispiel: Ermittle die Lösung der Ungleichung $2x+13-[-3x+15+7(-8x-4)+13]<8(8x+8)$ in $\mathbb{R}$.

$2x+13-[-3x+15+7(-8x-4)+13]<8(8x+8)$ | Klammern auflösen

$2x+13-[-3x+15-56x-28+13]<64x+64$

$2x+13-[-59x+0]<64x+64$

$2x+13+59x<64x+64$ | Zusammenfassen

$61x+13<64x+64$ | $-64x-13$

$-3x<51$ | $:(-3)<0$, das Ungleichheitszeichen dreht sich um!

$x>-17$ $\quad L=\{x\in\mathbb{R}|x>-17\}$

Weitere Beispiele:

(08) $2x+10-[-13x-9+4(3x+2)+3]<-14(-4x+7)$ **Lösungsmenge** $L=\{x\in\mathbb{R}|x>2\}$

(09) $3x-[12x-8-3(-5x+4)+8]<-9(3x+9)$ **Lösungsmenge** $L=\{x\in\mathbb{R}|x<-31\}$

(10) $2x-6-[-15x-10+13(7x+11)+14]<-2x-9$ **Lösungsmenge:** $L=\{x\in\mathbb{R}|x>-2\}$

(11) $5x-9-[-8x+12-10(-3x+1)+7]<-20x$ **Lösungsmenge:** $L=\{x\in\mathbb{R}|x<6\}$

(12) $-8x-5-[15x-2-10(14x+11)+5]<-5(12x+15)$ **Lösungsmenge:** $L=\{x\in\mathbb{R}|x<-1\}$

(13) $6x-3-[-14x+10+8(x-2)-9]<-11(-2x+8)$ **Lösungsmenge:** $L=\{x\in\mathbb{R}|x>10\}$

(14) $19x+12-[-3x-10+17(13x-16)+h]<13(15x-9)$ **Lösungsmenge:** $L=\{x\in\mathbb{R}|x<-3.67\}$

(15) $x-20-[8x+2-17(-11x+12)+14]<-6(-6x+19)$ **Lösungsmenge:** $L=\{x\in\mathbb{R}|x>1.23\}$

Gegeben sind lineare Ungleichungen vom **Typ:** $\mathbf{(ax+b)^2+c\cdot(dx+e)<f\cdot(gx^2+h)+k}$

Beispiel: Ermittle die Lösung der Ungleichung $(2x+2)^2+2\cdot(-5x-5)<(-1)\cdot(-4x^2-6)$ in $\mathbb{R}$.

$(2x+2)^2+2\cdot(-5x-5)<(-1)\cdot(-4x^2-6)$ | KLammern auflösen

$4x^2+8x+4-10x-10<4x^2+6$ | Zusammenfassen

$-2x-6<6$ | $+6$

$-2x<12$ | $:(-2)<0$, das Ungleichheitszeichen dreht sich um!

$x>-6$ $\quad L=\{x\in\mathbb{R}|x>-6\}$

Weitere Beispiele:

(16) $(-2x+1)^2-6\cdot(-2x+6)<-4\cdot(-x^2-8)-3$ **Lösungsmenge** $L=\{x\in\mathbb{R}|x<8\}$

(17) $(-3x-4)^2-9\cdot(4x+7)<-3\cdot(-3x^2-6)-5$ **Lösungsmenge** $L=\{x\in\mathbb{R}|x>-5\}$

(18) $(-8x+1)^2-6\cdot(-4x+8)<8\cdot(8x^2-5)+9$ **Lösungsmenge** $L=\{x\in\mathbb{R}|x<2\}$

(19) $(2x-1)^2+6\cdot(2x+9)<4\cdot(x^2-4)-1$ **Lösungsmenge** $L=\{x\in\mathbb{R}|x<-9\}$

(20) $(2x+6)^2+7\cdot(-4x+3)<4\cdot(x^2+1)+1$ **Lösungsmenge** $L=\{x\in\mathbb{R}|x>13\}$

(21) $(-2x+5)^2+7\cdot(3x-1)<4x^2$ **Lösungsmenge** $L=\{x\in\mathbb{R}|x<-18\}$

(22) $(2x+1)^2-(7x-9)<-2\cdot(-2x^2+6)-9$ **Lösungsmenge** $L=\{x\in\mathbb{R}|x>10.33\}$

(23) $(6x+2)^2-3\cdot(x+3)<-6\cdot(-6x^2+2)-2$ **Lösungsmenge** $L=\{x\in\mathbb{R}|x<-0.43\}$

Gegeben sind lineare Ungleichungen vom **Typ:** $\frac{ax+b}{n_1}+\frac{cx+d}{n_2}+\frac{e}{n_3}<\frac{fx+g}{n_4}+\frac{hx+k}{n_5}$

Die Ungleichung wird **bruchfrei** gemacht, indem man sie mit dem **Hauptnenner** HN (kgV aller vorhandenen Nenner) multipliziert.

Beispiel: Ermittle die Lösung der Ungleichung $\frac{7x+3}{8}+\frac{4x-9}{3}+\frac{3}{3}<\frac{9x+6}{9}+\frac{7x-8}{6}$ in $\mathbb{R}$.

$$\frac{7x+3}{8}+\frac{4x-9}{3}+\frac{3}{3}<\frac{9x+6}{9}+\frac{7x-8}{6} \quad \Big| \cdot 72 \text{(Hauptnenner)}$$

$$9\cdot(7x+3)+24\cdot(4x-9)+24\cdot 3<8\cdot(9x+6)+12\cdot(7x-8) \quad \Big| \text{ Klammern auflösen}$$

$$63x+27+96x-216+72<72x+48+84x-96 \quad \Big| \text{ Zusammenfassen}$$

$$159x-117<156x-48 \quad \Big| \; -156x+117$$

$$3x<69 \quad \Big| :3>0\text{, das Ungleichheitszeichen bleibt erhalten}$$

$$x<23 \qquad L=\{x\in\mathbb{R}\,|\,x<23\}$$

Weitere Beispiele:

(24) $\frac{2x-7}{12}+\frac{7x+2}{4}+\frac{3}{2}<\frac{x+4}{6}+\frac{6x+9}{2}$ **Lösungsmenge** $L=\{x\in\mathbb{R}\,|\,x>-3\}$

(25) $\frac{5x+9}{11}-\frac{6x+9}{11}+\frac{8}{5}<\frac{-7x+6}{10}+\frac{-4x+7}{7}$ **Lösungsmenge** $L=\{x\in\mathbb{R}\,|\,x<0\}$

(26) $\frac{7x+4}{8}-\frac{5x+6}{3}<\frac{-3x-8}{5}+\frac{6-2x}{12}$ **Lösungsmenge** $L=\{x\in\mathbb{R}\,|\,x>-16\}$

(27) $\frac{3x-1}{6}+\frac{6x-4}{12}+\frac{1}{2}<\frac{-3x+2}{14}+\frac{9x+1}{8}$ **Lösungsmenge** $L=\{x\in\mathbb{R}\,|\,x<3\}$

(28) $\frac{-6x+7}{3}+\frac{8x-1}{9}-1<-\frac{5x+8}{9}-\frac{x}{2}$ **Lösungsmenge** $L=\{x\in\mathbb{R}\,|\,x>38\}$

(29) $4x-2-\frac{x-2}{2}+\frac{3}{7}<\frac{6x+7}{2}+\frac{9x-1}{14}$ **Lösungsmenge** $L=\{x\in\mathbb{R}\,|\,x>-28\}$

(30) $\frac{13x-10}{9}+\frac{-13x-3}{2}+\frac{1}{2}<\frac{-20x+7}{7}-\frac{10x}{9}$ **Lösungsmenge** $L=\{x\in\mathbb{R}\,|\,x>-2.86\}$

(31) $\frac{-4x+9}{4}+18x+22-\frac{9}{4}<\frac{7x-3}{14}-\frac{3x+13}{14}$ **Lösungsmenge** $L=\{x\in\mathbb{R}\,|\,x<-1.38\}$

(32) $-\frac{20x+19}{5}+\frac{10x-3}{6}-\frac{4}{15}<\frac{3x+19}{14}+\frac{12x-3}{10}$ **Lösungsmenge** $L=\{x\in\mathbb{R}\,|\,x>-1.50\}$

(33) $\frac{13x-4}{4}-\frac{20x+4}{7}-\frac{13}{3}<\frac{4x+9}{5}+\frac{4x+15}{3}$ **Lösungsmenge** $L=\{x\in\mathbb{R}\,|\,x>-7.30\}$

(34) $\frac{-5x+4}{12}+\frac{-11x+16}{10}+8<-\frac{20x+15}{14}+\frac{-19x+5}{15}$ **Lösungsmenge** $L=\{x\in\mathbb{R}\,|\,x<-9.05\}$

(35) $\frac{ax+b}{n_1}+\frac{cx+d}{n_2}+\frac{e}{n_3}<\frac{fx+g}{n_4}+\frac{hx+k}{n_5}$ **Lösungsmenge** $L=\{x\in\mathbb{R}\,|\,x>10.33\}$

Systeme linearer Ungleichungen mit einer Variablen

Gegeben sind zwei lineare Ungleichungen mit einer Variablen; ihre Lösungsmengen seien L_1 und L_2.
Sind die beiden Ungleichungen durch **„und"** ($\wedge$) zu einer Aussageform verknüpft, so stellt dies ein **konjunktives System** zweier linearer Ungleichungen dar und es gilt: $L = L_1 \cap L_2$.
Sind die beiden Ungleichungen durch **„oder"** ($\vee$) zu einer Aussageform verknüpft, so stellt dies ein **disjunktives System** zweier linearer Ungleichungen dar und es gilt: $L = L_1 \cup L_2$.
Fortlaufende Ungleichungen, Betragsungleichungen und Ungleichungen mit Bruchtermen führen auf Systeme von linearen Ungleichungen.

Konjunktive Systeme linearer Ungleichungen mit einer Variablen

Gegeben sind lineare Ungleichungssysteme vom **Typ:** $\mathbf{ax+b \le cx+d}$ **und** $\mathbf{ex+f \le gx+h}$.

Beispiel: Ermittle die Lösung des Ungleichungssystems: $3x-13 \le x+3$ und $-15x+3 \le -19x-6$ in $\mathbb{R}$.

$$3x-13 \le x+3 \quad \text{und} \quad -15x+3 \le -19x-6$$
$$2x \le 16 \quad \text{und} \quad 4x \le -9$$
$$x \le 8 \quad \text{und} \quad x \le -\frac{9}{4}$$

also $L_1 = \{x \in \mathbb{R} \mid x \le 8\}, L_2 = \left\{x \in \mathbb{R} \middle| x \le -\frac{9}{4}\right\}, L = L_1 \cap L_2 = \left\{x \in \mathbb{R} \middle| x \le -\frac{9}{4} = -2.25\right\}$

Weitere Beispiele:

(36) $-16x+21 \le 9x-19$ und $-11x+19 \le 4x-6$ **Lösungsmenge** $L = \left\{x \in \mathbb{R} \middle| x \ge \frac{5}{3} \approx 1.67\right\}$

(37) $19x-3 \le -5x+17$ und $-x+10 \le 2x+17$ **Lösungsmenge** $L = \left\{x \in \mathbb{R} \middle| -\frac{7}{3} \le x \le \frac{5}{6}\right\}$

(38) $-3x+14 \le -7x+7$ und $-5x \le -16x-6$ **Lösungsmenge** $L = \{x \in \mathbb{R} \mid x \le -1.75\}$

(39) $4x+10 \le 3x+17$ und $20x+15 \le 21x-4$ **Lösungsmenge** $L = \{\ \}$

Gegeben sind lineare Ungleichungssysteme vom **Typ:** $\mathbf{ax+b \le cx+d}$ **und** $\mathbf{ex+f \ge gx+h}$.

Beispiel: Ermittle die Lösung des Ungleichungssystems: $5x+4 \le 6x+22$ und $16x+2 \ge 18x-3$ in $\mathbb{R}$.

$$5x+4 \le 6x+22 \quad \text{und} \quad 16x+2 \ge 18x-3$$
$$-18 \le x \quad \text{und} \quad 5 \ge 2x$$
$$-18 \le x \quad \text{und} \quad 2.5 \ge x$$

also $L_1 = \{x \in \mathbb{R} \mid -18 \le x\}, L_2 = \{x \in \mathbb{R} \mid x \le 2.5\}, L = L_1 \cap L_2 = \{x \in \mathbb{R} \mid -18 \le x \le 2.5\}$

Weitere Beispiele:

(40) $x+9 \le -6x-18$ und $-12x+10 \ge -8x+16$ **Lösungsmenge** $L = \left\{x \in \mathbb{R} \middle| x \le -\frac{27}{7}\right\}$

(41) $-x+3 \le -2x+21$ und $-11x-9 \ge -21x-21$ **Lösungsmenge** $L = \left\{x \in \mathbb{R} \middle| -\frac{6}{5} \le x \le 18\right\}$

(42) $4x+21 \le 5x+20$ und $22x+8 \ge -5x$ **Lösungsmenge** $L = \{x \in \mathbb{R} \mid x \ge 1\}$

(43) $-17x+4 \le 11x+5$ und $-5x-10 \ge 6x+19$ **Lösungsmenge** $L = \{\ \}$

Disjunktive Systeme linearer Ungleichungen mit einer Variablen

Gegeben sind lineare Ungleichungssysteme vom **Typ:** $\mathbf{ax+b \le cx+d}$ **oder** $\mathbf{ex+f \le gx+h}$.

Beispiel: Ermittle die Lösung des Ungleichungssystems: $9x+7 \le 3x-21$ oder $-14x-22 \le -16x-12$ in $\mathbb{R}$

$$9x+7 \le 3x-21 \text{ oder } -14x-22 \le -16x-12$$
$$6x \le -28 \quad \text{oder} \quad 2x \le 10$$
$$x \le -\frac{14}{3} \quad \text{oder} \quad x \le 5$$

also $L_1 = \left\{x \in \mathbb{R} \middle| x \le -\frac{14}{3}\right\}, L_2 = \left\{x \in \mathbb{R} \middle| x \le 5\right\}, L = L_1 \cup L_2 = \left\{x \in \mathbb{R} \middle| x \le 5\right\}$

Weitere Beispiele:

(44) $-5x+8 \le 7x+11$ oder $-18x+16 \le 20x+7$ **Lösungsmenge** $L = \left\{x \in \mathbb{R} \middle| x \ge -\frac{1}{4}\right\}$

(45) $3x+6 \le 2x-8$ oder $11x+22 \le 5x-16$ **Lösungsmenge** $L = \left\{x \in \mathbb{R} \middle| x \le -\frac{19}{3}\right\}$

(46) $9x-15 \le 12x-17$ oder $6x+14 \le -13x+6$ **Lösungsmenge** $L = \left\{x \in \mathbb{R} \middle| \left(x \le -\frac{8}{19}\right) \vee \left(x \ge \frac{2}{3}\right)\right\}$

(47) $18x-17 \le 14x+1$ oder $-17x+1 \le -21x-19$ **Lösungsmenge** $L = \left\{x \in \mathbb{R} \middle| x \le 4.5\right\}$

(48) $16x-6 \le -18x-8$ oder $-10x-21 \le -2x+16$ **Lösungsmenge** $L = \mathbb{R}$

(49) $22x+21 \le 8x$ oder $-22x+7 \le -6x-14$ **Lösungsmenge** $L = \left\{x \in \mathbb{R} \middle| \left(x \le -\frac{3}{2}\right) \vee \left(x \ge \frac{21}{16}\right)\right\}$

(50) $3x-9 \le -16x-18$ oder $-x-20 \le -8x-7$ **Lösungsmenge** $L = \left\{x \in \mathbb{R} \middle| x \le \frac{13}{7}\right\}$

Gegeben sind lineare Ungleichungssysteme vom **Typ:** $\mathbf{ax+b \le cx+d}$ **oder** $\mathbf{ex+f \ge gx+h}$.

Beispiel: Ermittle die Lösung des Ungleichungssystems: $11x-19 \le -x+20$ oder $2x+20 \ge -19x+2$ in $\mathbb{R}$.

$$11x-19 \le -x+20 \quad \text{oder} \quad 2x+20 \ge -19x+2$$
$$12x \le 39 \quad \text{oder} \quad 21x \ge -18$$
$$x \le \frac{39}{12} = \frac{13}{4} \quad \text{oder} \quad x \ge -\frac{18}{21} = -\frac{6}{7}$$

also $L_1 = \left\{x \in \mathbb{R} \middle| x \le \frac{13}{4}\right\}, L_2 = \left\{x \in \mathbb{R} \middle| x \ge -\frac{6}{7}\right\}, L = L_1 \cup L_2 = \mathbb{R}$

Weitere Beispiele:

(51) $9x-4 \le -19x+15$ oder $-5x-1 \ge x-16$ **Lösungsmenge** $L = \left\{x \in \mathbb{R} \middle| x \le 2.5\right\}$

(52) $2x-1 \le 12x+6$ oder $-12x-4 \ge 7x+19$ **Lösungsmenge** $L = \left\{x \in \mathbb{R} \middle| \left(x \le -\frac{23}{19}\right) \vee \left(x \ge -0.7\right)\right\}$

(53) $7x-2 \le -6x-9$ oder $-10x-14 \ge 8x+5$ **Lösungsmenge** $L = \left\{x \in \mathbb{R} \middle| x \le -\frac{7}{13}\right\}$

(54) $12x-3 \le 5x-21$ oder $20x-7 \ge 4x-13$ **Lösungsmenge** $L = \left\{x \in \mathbb{R} \middle| \left(x \le -\frac{18}{7}\right) \vee \left(x \ge -\frac{3}{8}\right)\right\}$

(55) $-14x+12 \le 16x+14$ oder $-5x-3 \ge -6x-21$ **Lösungsmenge** $L = \left\{x \in \mathbb{R} \middle| x \ge -18\right\}$

(56) $4x+18 \le 8x+5$ oder $-11x+12 \ge -3x-20$ **Lösungsmenge** $L = \mathbb{R}$

(57) $-11x+21 \le -4x-11$ oder $-8x+10 \ge 10x$ **Lösungsmenge** $L = \left\{x \in \mathbb{R} \middle| \left(x \le \frac{5}{9}\right) \vee \left(x \ge \frac{32}{7}\right)\right\}$

Fortlaufende lineare Ungleichungen mit einer Variablen

Gegeben sind fortlaufende lineare Ungleichungen vom **Typ:** $\mathbf{ax+b \le cx+d \le ex+f}$.
Diese lassen sich in ein *konjunktives System* von Ungleichungen aufspalten.
Es gilt: $\mathbf{ax+b \le cx+d}$ **und** $\mathbf{cx+d \le ex+f}$.

Beispiel: Ermittle die Lösung der fortlaufenden Ungleichung $3x-9 \le 13x+11 \le -4x-5$ in $\mathbb{R}$.
Die fortlaufende Ungleichung lässt sich in ein konjunktives System von Ungleichungen aufspalten.

$$3x-9 \le 13x+11 \text{ und } 13x+11 \le -4x-5$$
$$-20 \le 10x \quad \text{und} \quad 17x \le -16$$
$$-2 \le x \quad \text{und} \quad x \le -\frac{16}{17} \approx -0.94$$

also $L_1 = \left\{x \in \mathbb{R} \middle| -2 \le x\right\}, L_2 = \left\{x \in \mathbb{R} \middle| x \le -\frac{16}{17}\right\}, L = L_1 \cap L_2 = \left\{x \in \mathbb{R} \middle| -2 \le x \le -\frac{16}{17}\right\}$

Weitere Beispiele:

(58) $2x-2 \le 4x+22 \le 17x+11$ **Lösungsmenge** $L = \left\{x \in \mathbb{R} \middle| x \ge \frac{11}{13}\right\}$

(59) $13x-22 \le 14x-5 \le -2x-17$ **Lösungsmenge** $L = \left\{x \in \mathbb{R} \middle| -17 \le x \le -\frac{3}{4}\right\}$

(60) $5x-3 \le -2x+14 \le -11x+5$ **Lösungsmenge** $L = \left\{x \in \mathbb{R} \middle| x \le -1\right\}$

(61) $-8x-18 \le -11x \le 10x+19$ **Lösungsmenge** $L = \left\{x \in \mathbb{R} \middle| -\frac{19}{21} \le x \le 6\right\}$

(62) $7x+2 \le 14x-22 \le -x-17$ **Lösungsmenge** $L = \{\ \}$

Gegeben sind fortlaufende lineare Ungleichungen vom **Typ:** $\mathbf{ax+b < cx+d \le ex+f}$.

Beispiel: Ermittle die Lösung der fortlaufenden Ungleichung $17x+15 < 14x-6 \le -20x+4$ in $\mathbb{R}$.
Die fortlaufende Ungleichung lässt sich in ein *konjunktives System* von Ungleichungen aufspalten.

$$17x+15 < 14x-6 \text{ und } 14x-6 \le -20x+4$$
$$3x < -21 \quad \text{und} \quad 34x \le 10$$
$$x < -7 \quad \text{und} \quad x \le \frac{10}{34} = \frac{5}{17} \approx 0.29$$

also $L_1 = \left\{x \in \mathbb{R} \middle| x < -7\right\}, L_2 = \left\{x \in \mathbb{R} \middle| x \le \frac{5}{17}\right\}, L = L_1 \cap L_2 = \left\{x \in \mathbb{R} \middle| x < -7\right\}$

Weitere Beispiele:

(63) $-2x-17 < -x-15 \le 10x-22$ **Lösungsmenge** $L = \left\{x \in \mathbb{R} \middle| x \ge \frac{7}{11}\right\}$

(64) $3x+7 < 2x+18 \le 10x-1$ **Lösungsmenge** $L = \left\{x \in \mathbb{R} \middle| \frac{19}{8} \le x < 11\right\}$

(65) $8x-18 < -2x+13 \le -9x$ **Lösungsmenge** $L = \left\{x \in \mathbb{R} \middle| x \le -\frac{13}{7}\right\}$

(66) $9x-20 < 15x-6 \le -9x+8$ **Lösungsmenge** $L = \left\{x \in \mathbb{R} \middle| -\frac{7}{3} < x \le \frac{7}{12}\right\}$

(67) $13x+9 < 20x+1 \le -12x+15$ **Lösungsmenge** $L = \{\ \}$

(68) $19x+17 < 20x-4 \le 22x+12$ **Lösungsmenge** $L = \left\{x \in \mathbb{R} \middle| x > 21\right\}$

Lineare Ungleichungen mit Beträgen

Gegeben sind lineare Ungleichungen vom **Typ:** $|ax+b| \leq c$

Diese Ungleichungen sind äquivalent zur fortlaufenden Ungleichung $-c \leq ax+b \leq c$.
Diese lassen sich in ein *konjunktives System* von Ungleichungen aufspalten.
Es gilt: $-c \leq ax+b$ **und** $ax+b \leq c$.

Beispiel: Ermittle die Lösung folgender Betrags-Ungleichung $|7x+3| \leq 19$ in $\mathbb{R}$.
Die gegebene Ungleichung ist äquivalent zur fortlaufenden Ungleichung $-19 \leq 7x+3 \leq 19$.
Diese lässt sich in folgendes *konjunktives System* von Ungleichungen aufspalten.

$$-19 \leq 7x+3 \quad \text{und} \quad 7x+3 \leq 19$$
$$7x \geq -22 \quad \text{und} \quad 7x \leq 16$$
$$x \geq -\tfrac{22}{7} \approx -3.14 \quad \text{und} \quad x \leq \tfrac{16}{7} \approx 2.29$$

also $L_1 = \left\{x \in \mathbb{R} \middle| -\frac{22}{7} \leq x\right\}, L_2 = \left\{x \in \mathbb{R} \middle| x \leq \frac{16}{7}\right\}, L = L_1 \cap L_2 = \left\{x \in \mathbb{R} \middle| -\frac{22}{7} \leq x \leq \frac{16}{7}\right\}$

Weitere Beispiele:

(69) $|x+2| \leq 18$ **Lösungsmenge** $L = \{x \in \mathbb{R} \mid -20 \leq x \leq 16\}$

(70) $|2x+16| \leq 19$ **Lösungsmenge** $L = \{x \in \mathbb{R} \mid -17.5 \leq x \leq 1.5\}$

(71) $|3x-8| \leq 4$ **Lösungsmenge** $L = \left\{x \in \mathbb{R} \middle| \frac{4}{3} \leq x \leq 4\right\}$

(72) $|-7x+3| \leq 5$ **Lösungsmenge** $L = \left\{x \in \mathbb{R} \middle| -\frac{2}{7} \leq x \leq \frac{8}{7}\right\}$

(73) $|-6x-2| \leq 18$ **Lösungsmenge** $L = \left\{x \in \mathbb{R} \middle| -\frac{10}{3} \leq x \leq \frac{8}{3}\right\}$

Gegeben sind lineare Ungleichungen vom **Typ:** $|ax+b| \geq c$

Diese lassen sich in ein *disjunktives System* von Ungleichungen aufspalten.
Es gilt: $ax+b \leq -c$ **oder** $ax+b \geq c$.

Beispiel: Ermittle die Lösung folgender Betrags-Ungleichung $|-3x+12| \geq 15$ in $\mathbb{R}$.
Diese lässt sich in folgendes *disjunktives System* von Ungleichungen aufspalten.

$$-3x+12 \leq -15 \quad \text{oder} \quad -3x+12 \geq 15$$
$$-3x \leq -27 \quad \text{oder} \quad -3x \geq 3$$
$$x \geq 9 \quad \text{oder} \quad x \leq -1$$

also $L_1 = \{x \in \mathbb{R} \mid x \geq 9\}, L_2 = \{x \in \mathbb{R} \mid x \leq -1\}, L = L_1 \cup L_2 = \{x \in \mathbb{R} \mid (x \leq -1) \vee (x \geq 9)\}$

Weitere Beispiele:

(74) $|-x+8| \geq 3$ **Lösungsmenge** $L = \{x \in \mathbb{R} \mid (x \leq 5) \vee (x \geq 11)\}$

(75) $|8x-13| \geq 31$ **Lösungsmenge** $L = \left\{x \in \mathbb{R} \middle| \left(x \leq -\frac{9}{4}\right) \vee \left(x \geq \frac{11}{2}\right)\right\}$

(76) $|7x+5| \geq 19$ **Lösungsmenge** $L = \left\{x \in \mathbb{R} \middle| \left(x \leq -\frac{24}{7}\right) \vee (x \geq 2)\right\}$

(77) $|-3x-15| \geq 7$ **Lösungsmenge** $L = \left\{x \in \mathbb{R} \middle| \left(x \leq -\frac{22}{4}\right) \vee \left(x \geq -\frac{8}{3}\right)\right\}$

(78) $|2x+9| \geq 21$ **Lösungsmenge** $L = \{x \in \mathbb{R} \mid (x \leq -15) \vee (x \geq 6)\}$

Lineare Ungleichungen mit Bruchtermen

Gegeben sind lineare Ungleichungen vom **Typ:** $\frac{ax+b}{cx+d} \leq e$

Beispiel: Ermittle die Lösung folgender Ungleichung $\frac{-8x+11}{2x+6} \leq 10$ in $\mathbb{R}$.

Definitionsmenge: $2x+6=0 \Rightarrow x=-3$, also $D=\mathbb{R}\setminus\{-3\}$

Die gegebene Ungleichung ist *äquivalent zu folgendem System* von Ungleichungen:

$2x+6>0$ und $(-8x+11) \leq (2x+6)\cdot 10$ oder $2x+6<0$ und $(-8x+11) \geq (2x+6)\cdot 10$

$x>-3$ und $-8x+11 \leq 20x+60$ oder $x<-3$ und $-8x+11 \geq 20x+60$

$x>-3$ und $-28x \leq 49$ oder $x<-3$ und $-28x \geq 49$

$x>-3$ und $x \geq -1.75$ oder $x<-3$ und $x \leq -1.75$

$L_1=\{x\in\mathbb{R} \mid x \geq -1.75\}$ $\quad L_2=\{x\in\mathbb{R} \mid x<-3\}$ $\quad L=L_1 \cup L_2=\{x\in\mathbb{R} \mid (x<-3) \vee (x \geq -1.75)\}$

Weitere Beispiele:

(79) $\frac{9x+12}{-3x-13} \leq 6$ **Lösungsmenge** $L=\left\{x\in\mathbb{R} \,\middle|\, \left(x<-\frac{13}{3}\right) \vee \left(x \geq -\frac{10}{3}\right)\right\}$

(80) $\frac{12x-7}{x-6} \leq -7$ **Lösungsmenge** $L=\left\{x\in\mathbb{R} \,\middle|\, \frac{49}{19} \leq x<6\right\}$

(81) $\frac{-4x+2}{x-5} \leq 8$ **Lösungsmenge** $L=\{x\in\mathbb{R} \mid (x<3.5) \vee (x \geq 5)\}$

(82) $\frac{3x+5}{x-12} \leq 0$ **Lösungsmenge** $L=\left\{x\in\mathbb{R} \,\middle|\, -\frac{5}{3} \leq x<12\right\}$

(83) $\frac{-4x-10}{2x-5} \leq 10$ **Lösungsmenge** $L=\left\{x\in\mathbb{R} \,\middle|\, \left(x \leq \frac{5}{3}\right) \vee (x \geq 2.5)\right\}$

Gegeben sind lineare Ungleichungen vom **Typ:** $\frac{ax+b}{cx+d} \geq e$

Beispiel: Ermittle die Lösung folgender Ungleichung $\frac{4x+3}{-2x-10} \geq 0$

Definitionsmenge: $-2x-10=0 \Rightarrow x=-5$, also $D=\mathbb{R}\setminus\{-5\}$

Die gegebene Ungleichung ist *äquivalent zu folgendem System* von Ungleichungen.

$4x+3 \geq 0$ und $(-2x-10)>0$ oder $4x+3 \leq 0$ und $(-2x-10)<0$

$x \geq -0.75$ und $-2x>10$ oder $x \leq -0.75$ und $-2x<10$

$x \geq -0.75$ und $x<-5$ oder $x \leq -0.75$ und $x>-5$

$L_1=\{\ \}$ $\quad L_2=\{x\in\mathbb{R} \mid -5<x \leq -0.75\}$ $\quad L=L_1 \cup L_2=\{x\in\mathbb{R} \mid -5<x \leq -0.75\}$

Weitere Beispiele:

(84) $\frac{-7x+15}{-5x+15} \geq 1$ **Lösungsmenge** $L=\{x\in\mathbb{R} \mid (x \leq 0) \vee (x>3)\}$

(85) $\frac{5x+6}{-x-4} \geq 9$ **Lösungsmenge** $L=\{x\in\mathbb{R} \mid -4<x \leq -3\}$

(86) $\frac{-4x+7}{-4x-15} \geq 0$ **Lösungsmenge** $L=\left\{x\in\mathbb{R} \,\middle|\, \left(x<-\frac{15}{4}\right) \vee \left(x \geq \frac{7}{4}\right)\right\}$

(87) $\frac{-8x+13}{2x-15} \geq -1$ **Lösungsmenge** $L=\left\{x\in\mathbb{R} \,\middle|\, -\frac{1}{3} \leq x<\frac{15}{2}\right\}$

(88) $\frac{7x-14}{x-11} \geq -5$ **Lösungsmenge** $L=\left\{x\in\mathbb{R} \,\middle|\, \left(x \leq \frac{23}{4}\right) \vee (x \geq 11)\right\}$

1 Lineare Gleichungen, Textaufgaben

1.01 Löse folgende Gleichungen in $\mathbb{Z}$ und mache die Probe!

(a) $2x-11-\{[3x+2-(14x+8)]-(-8x-3)-4x\}=8x-5$

(b) $(x-1)^2+(2x+3)^2=5(x^2+6)+60$

1.02 Löse folgende Gleichung in $\mathbb{Z}$ und mache die Probe!

$$\frac{4x+5}{20}-\frac{2x+1}{15}+\frac{1}{40}=\frac{5(x+2)}{40}-\frac{3x-5}{30}$$

1.03 Löse folgende Gleichung in $\mathbb{Z}$ und mache die Probe!

$$\frac{3x+4}{5}-\frac{2x-3}{11}+x=12+\frac{x+3}{10}-\frac{3x-17}{2}$$

1.04 Ermittle die Definitions- und Lösungsmenge in $\mathbb{R}$. Mache die Probe!

$$\frac{8}{x-1}-\frac{6}{x}=\frac{2}{x-2}$$

1.05 Ermittle die Definitions- und Lösungsmenge in $\mathbb{R}$. Mache die Probe!

$$\frac{2(x+15)}{x+3}-\frac{6(x+3)}{x^2-9}=2$$

1.06 Ermittle die Definitions- und Lösungsmenge in $\mathbb{R}$. Mache die Probe!

$$\frac{3(x+2)}{x-4}-\frac{6(x-6)}{x^2-16}=3$$

1.07 In einer zweiziffrigen Zahl ist die Einerziffer das Dreifache der Zehnerziffer. Vertauscht man die beiden Ziffern, so erhält man eine um 36 größere Zahl. Wie heißt die Zahl?

1.08 Vertauscht man in einer zweiziffrigen Zahl mit der Ziffernsumme 15 die beiden Ziffern, so ist die Hälfte der neuen Zahl um 48 kleiner als die ursprüngliche Zahl. Wie heißt die Zahl?

1.09 In einem Rechteck ist die Breite um 6cm kürzer als die Länge. Wenn man die Länge um 3cm verkürzt und die Breite unverändert lässt, erhält man ein Rechteck, dessen Flächeninhalt um $120\,cm^2$ kleiner ist als der Flächeninhalt des ursprünglichen Rechtecks. Berechne die Seitenlängen des ursprünglichen Rechtecks.

1.10 Ein Betrag von **(1)** 7500 € **(2)** a € soll unter drei Personen A, B und C wie folgt aufgeteilt werden: B erhält um 25% mehr als A. C erhält zwei Drittel vom Betrag, den A und B zusammen erhalten. Berechne die einzelnen Teilbeträge .

1.11 In einer Drogerie sollen **(1)** 150 Liter **(2)** a Liter 70%-iger Spiritus hergestellt werden. Wie viel Liter 50%-igen und wie viel Liter 80%-igen Spiritus muss man mischen?

1.12 Laut Kochbuch wird für eine Speise **(1)** 600g **(2)** a Gramm Topfen mit 20% Fettgehalt benötigt. Es ist aber nur Topfen von 10% und 40% Fettgehalt im Kühlschrank. Wie viel g von jeder Sorte muss der Koch nehmen?

1.13 Ein Autofahrer durchfährt erfahrungsgemäß eine Strecke von 180 km mit einer mittleren Geschwindigkeit von 60 km/h. Auf einem bestimmten Teilstück der Strecke muss er infolge von Belagsarbeiten die mittlere Geschwindigkeit um 20 km/h senken. Er braucht deshalb um 10 Minuten länger. Berechne die Länge des Teilstückes mit Verkehrsbehinderung.

1.14 Ein Motorradfahrer durchfährt eine Strecke von 100 km mit einer mittleren Geschwindigkeit von 60 km/h. Um wie viel müsste er seine mittlere Geschwindigkeit erhöhen, damit auf derselben Strecke die Zeitersparnis 20 Minuten beträgt?

2 Quadratische Gleichungen und Anwendungen, Satz von VIETA

2.01 Ermittle die Lösungen der Gleichung $x^2-3=2x$ für $G=\mathbb{R}$.
(1) rechnerisch **(2)** graphisch mit Umformen auf f(x) = 0.

2.02 Ermittle die Lösungen der Gleichung $6-x^2=x$ für $G=\mathbb{R}$.
(1) rechnerisch **(2)** graphisch ohne Umformen.

2.03 Löse folgende Gleichung in $\mathbb{N},\mathbb{Z},\mathbb{Q}$ und mache die Probe für die Lösung aus $\mathbb{N}$.

$$(x+3)(x-2)-x^2=(5-x)(x+2)+32$$

2.04 Ermittle die Definitions- und Lösungsmenge in $\mathbb{R}$.

$$\frac{3x-4}{2x+3}+\frac{5-2x}{2x-3}=\frac{x^2+5}{4x^2-9}$$

2.05 **(a)** Ermittle eine quadratische Gleichung mit den Lösungen: $x_1=-3, x_2=\frac{3}{4}$.
(b) Ermittle eine quadratische Gleichung, deren Lösungen die Quadrate der Lösungen der Gleichung $3x^2-16x+5=0$ sind.

2.06 **(a)** Zerlege $x^2-2x-15$ in ein Produkt von Linearfaktoren.
(b) Berechne den fehlenden Koeffizienten und die zweite Lösung der Gleichung $ax^2+bx+c=0$, wenn folgende Werte bekannt sind: $a=3, c=-2, x_1=2$.

2.07 Löse die Gleichung $x^2+3x-(a^2-3a)=0$ in Abhängigkeit von der Formvariablen a. Tabelliere die Lösungsmengen für folgende Werte: $a=-1, a=0, a=1, a=2, a=3$.

2.08 Gib Definitions- und Lösungsmenge in Abhängigkeit von a an: $\frac{2}{2x-a}+\frac{1}{x-a}=\frac{3}{a}$

2.09 Eine zweiziffrige Zahl hat die Zehnerziffer 7. Addiert man zu ihrem Quadrat das 40-fache Quadrat ihrer Einerziffer, so erhält man um 72 mehr als das Quadrat der durch Umstellung der Ziffern entstehenden Zahl. Wie heißt die ursprüngliche Zahl?

2.10 In einem rechtwinkeligen Dreieck ist die eine Kathete um 7cm kürzer als die andere. Die Hypotenuse ist um 2 cm länger als die längere Kathete. Wie lang sind die Seiten des Dreiecks?

2.11 Bei einer zweiziffrigen Zahl ist die Zehnerziffer um 6 größer als die Einerziffer. Die Zahl ist um 18 kleiner als das Quadrat ihrer Ziffernsumme. Wie lautet die Zahl?

2.12 Ein Autofahrer legt eine Strecke von 180 km zurück. Würde er mit einer um 10km/h niedrigeren Durchschnittsgeschwindigkeit dieselbe Strecke durchfahren, so käme er um 15 Minuten später ans Ziel. Berechne die ursprüngliche Durchschnittsgeschwindigkeit.

2.13 Löse **(1)** $2z^2+18z+41=0$ für $G=\mathbb{C}$. und verifiziere **(2)** die Gültigkeit der Satzgruppe von VIETA.

2.14 **(a)** Die Gleichung $x^2+px+q=0$ mit $p,q\in\mathbb{R}$ besitzt die Lösung $x_1=-2+5i$. Berechne die Koeffizienten p und q.
(b) Berechne den fehlenden Koeffizienten und die Lösungen der Gleichung $z^2-9z+q=0, \operatorname{Im} z_1=2$.
(c) Schreibe $9x^2+16$ als Produkt zweier Linearfaktoren.

2.15 Löse $\frac{2}{2-x}-\frac{2}{2+x}=\frac{x^2+2x+5}{4-x^2}$ für $G=\mathbb{C}$.
und führe die Probe für die Lösung mit positivem Imaginärteil aus.

3 Lineare Gleichungssysteme, Textaufgaben

Lineare Gleichungssysteme (2 Gleichungen mit 2 Variablen)

3.01 Ermittle die Lösungsmenge für $G = \mathbb{R} \times \mathbb{R}$ **(1)** graphisch und mache **(2)** die Kontrolle durch Einsetzen der Lösungen in die gegebenen Gleichungen.

$$\begin{cases} 3x - 4y = -26 \\ 4x + 2y = 2 \end{cases}$$

3.02 Ermittle die Lösungsmenge für $G = \mathbb{R} \times \mathbb{R}$ mit Hilfe des **(1)** Gleichsetzungsverfahrens **(2)** Eliminationsverfahrens.

$$\begin{cases} 2x - 3y = 21 \\ 2x + 4y = -14 \end{cases}$$

3.03 Ermittle die Lösungsmenge für $G = \mathbb{R} \times \mathbb{R}$ mit Hilfe des **(1)** Einsetzungsverfahrens **(2)** Eliminationsverfahrens.

$$\begin{cases} 3x + y = -5 \\ 4x + 3y = 5 \end{cases}$$

3.04 **(1)** Ermittle die Lösungsmenge für $G = \mathbb{R} \times \mathbb{R}$ mit Hilfe der CRAMER´schen Regel.
(2) Mache die Kontrolle mit dem Taschenrechner!

$$\begin{cases} 43x - 27y = 144 \\ -29x + 38y = 219 \end{cases}$$

3.05 Ermittle die Lösungsmenge für $G = \mathbb{R} \times \mathbb{R}$ in Abhängigkeit von a ($\neq 0$) mit Hilfe des Eliminationsverfahrens.

$$\begin{cases} 7ax - 4ay = 5 \\ 5ax + 3ay = 9 \end{cases}$$

3.06 Ermittle die Lösungsmenge für $G = \mathbb{R} \times \mathbb{R}$ in Abhängigkeit von a ($\neq 0$) mit Hilfe der CRAMER´schen Regel.

$$\begin{cases} 3x - 5ay = 6a \\ -5x + 2ay = 8a \end{cases}$$

3.07 Berechne, für welche Werte der Formvariablen a ($\neq 0$) das Gleichungssystem $\begin{cases} ax - 2y = 3 \\ -2x + ay = a \end{cases}$ für $G = \mathbb{R} \times \mathbb{R}$ eindeutig lösbar ist. Gib die Lösungsmenge in Abhängigkeit von a an!

3.08 Ermittle die Lösungsmenge des Gleichungssystems $\begin{cases} 3x - 2y = 8 \\ 6x - 4y = 12 \end{cases}$ für $G = \mathbb{R} \times \mathbb{R}$

(1) graphisch, **(2)** rechnerisch.

3.09 **(1)** Weise nach, dass das Gleichungssystem $\begin{cases} 5x - 10y = 20 \\ x - 2y = c_2 \end{cases}$ nicht eindeutig lösbar ist.

(2) Ergänze den fehlenden Koeffizienten so, dass das System mehrdeutig lösbar ist.

(3) Ergänze den fehlenden Koeffizienten so, dass das System unlösbar ist.

3.10 Ergänze die unvollständig angegebene Gleichung so, dass das System $\begin{cases} 3x - 5y = 9 \\ \text{..........} = 18 \end{cases}$

(1) mehrdeutig lösbar ist **(2)** unlösbar ist.

3.11 Ergänze die unvollständig angegebene Gleichung so, dass das System $\begin{cases} -4x + 12y = 28 \\ x \ldots\ldots\ldots = \ldots \end{cases}$

(1) mehrdeutig lösbar ist **(2)** unlösbar ist.

3.12 In einer zweiziffrigen Zahl ist die Ziffernsumme 14. Vertauscht man die beiden Ziffern, so ist die neue Zahl um 50 kleiner als das Doppelte der ursprünglichen Zahl. Berechne die ursprüngliche Zahl.

3.13 Eine zweiziffrige Zahl, durch ihre Ziffernsumme dividiert, ergibt den Quotienten 8. Subtrahiert man 45 von der Zahl, so erhält man eine Zahl mit denselben Ziffern in umgekehrter Reihenfolge. Wie heißt die Zahl?

3.14 Vergrößert man in einem Rechteck die eine Seite um 2 cm und verkleinert die andere um 4cm, so bleibt die Diagonale gleich, der Inhalt sinkt aber um 24 cm^2. Wie groß sind die Seiten des Rechtecks?

3.15 In einem Rechteck verhalten sich die Seiten wie 5:3. Verkürzt man die längere Seite um 35cm und verlängert man die kürzere Seite um 24cm, so erhält man ein flächengleiches Rechteck. Berechne die Seitenlängen des ursprünglichen Rechtecks.

3.16 Jemand hat zwei Kapitalien, das erste zu 6%, das zweite zu 4% angelegt. Sie ergeben jährlich zusammen 52 Euro Zinsen. Wenn man beide Kapitalien zu 5% angelegt hätte, bekäme man um 3 Euro mehr Zinsen. Wie groß sind die beiden Kapitalien?

3.17 Ein Swimmingpool hat zwei Zuleitungen. Sind beide Zuleitungen gleichzeitig geöffnet, dann sind nach 2 Stunden $\frac{7}{12}$ des Beckens voll. Ist die erste Zuleitung 3 Stunden und die zweite 4 Stunden geöffnet, dann ist der Pool ganz gefüllt. Berechne, wie viele Stunden die Füllung des Pools dauern würde, wenn jeweils nur eine Zuleitung geöffnet wird.

3.18 Aus zwei Silbersorten werden zwei neue Legierungen hergestellt. Schmelzt man 500 g der ersten Sorte mit 400 g der zweiten Sorte ein, so erhält man eine Legierung vom Feingehalt 0,800. Schmelzt man dagegen 400 g der ersten Sorte mit 500 g der zweiten Sorte ein, so hat die Legierung einen Feingehalt von 0,820. Welchen Feingehalt hat jede Sorte?

3.19 Vom Ort A fährt um 7:00 Uhr ein Eilzug ab und holt den um 5:30 Uhr abgefahrenen Personenzug um 9:00 Uhr ein. Wenn der Eilzug um 10:00 Uhr im Ort B einfährt, ist der Personenzug noch 30 km von B entfernt. Berechne

(1) die mittlere Geschwindigkeit beider Züge,

(2) um wie viel Uhr der Personenzug in B ankommt,

(3) wie weit der Ort B vom Ort A entfernt ist.

3.20 In einem Rechteck ist die eine Seite um a cm kürzer als die andere. Der Umfang beträgt 12a cm. Berechne in Abhängigkeit von a die Seitenlängen.
Für welche a ist die Aufgabe eindeutig lösbar?

3.21 Durch Mischen von Wasser mit einer Temperatur von 15° C mit Wasser der Temperatur von 60° C will man 120 kg Wasser mit einer Temperatur von a° C erhalten. Berechne in Abhängigkeit von a, wie viel kg Wasser man von jeder Sorte benötigt. Für welche a ist die Aufgabe eindeutig lösbar?

Lineare Gleichungssysteme (3 Gleichungen mit 3 Variablen)

3.22 Das Gleichungssystem besitzt eine eindeutige Lösung. Berechne sie und mache die Kontrolle durch Einsetzen in die drei Gleichungen.

$$\begin{aligned} 3x - y + 4z &= 12 \\ 5x + y - 8z &= 24 \\ 6x + 2y - 11z &= 27 \end{aligned}$$

3.23 Löse das Gleichungssystem und gib eine geometrische Interpretation des Ergebnisses.

$$\begin{aligned} 5x + 3y - 7z &= 3 \\ 5x - y - z &= 9 \\ 7x + y - 5z &= 9 \end{aligned}$$

3.24 Untersuche folgende Gleichungssysteme auf ihre eindeutige Lösbarkeit mittels der Systemdeterminante.

(a)
$$\begin{aligned} 4x + y - 9z &= 1 \\ -4x - 3y + 8z &= -2 \\ -5x - 5y + 9z &= -8 \end{aligned}$$

(b)
$$\begin{aligned} 3x - 2y + 4z &= 7 \\ -4x + 2y + 2z &= 5 \\ -3x + y + 7z &= 4 \end{aligned}$$

(c)
$$\begin{aligned} -7x - 2y + 5z &= 9 \\ -2x - 7y + 2z &= -8 \\ 8x + 6y - 5z &= 0 \end{aligned}$$

(d)
$$\begin{aligned} 5x - 2y + 2z &= 9 \\ -x + 2y + 4z &= 1 \\ -3x + 2y + z &= -4 \end{aligned}$$

3.25 Eine dreiziffrige Zahl hat die Ziffernsumme 19. Die Einerziffer ist dreimal so groß wie die Hunderterziffer. Vertauscht man die Einerziffer und die Zehnerziffer, so erhält man eine um 18 größere Zahl. Wie heißt die Zahl?

3.26 Eine dreiziffrige Zahl mit der Ziffernsumme 16 hat die Eigenschaft, dass ihr Wert um 198 zunimmt, wenn man ihre Ziffern in die umgekehrte Reihenfolge bringt. Nimmt man jedoch die Hunderterziffer links weg und fügt sie rechts an die Einerziffer an, so erhält man eine um 342 kleinere Zahl. Wie heißt die Zahl?

3.27 Drei Kapitalien betragen zusammen 50000 €, sie sind zu 5,25 %, 5 % und 4,25 % angelegt. Der jährliche Zinsertrag beträgt insgesamt 2449 €. Wären sie zu 4,5 %, 5 % und 5,5 % angelegt, würden sie jährlich um 27 € mehr an Zinsen abwerfen. Wie groß sind die Kapitalien?

3.28 Ein Wasserbehälter hat drei Zuflussröhren. Sind alle geöffnet, dauert die Füllung 30 Minuten. Durch die erste und dritte Röhre wird der Behälter in45 Minuten, durch die zweite und dritte Röhre in 60 Minuten gefüllt.

(a) In welcher Zeit kann jede Röhre allein den Behälter füllen?

(b) Wie lange dauert die Füllung, wenn nur die erste und zweite Röhre geöffnet wird?

4 Gleichungen höheren Grades

4.01 Überprüfe **(1)** durch Einsetzen, dass $x_1 = \frac{2}{3}$ eine Lösung der Gleichung

$3x^3 - 26x^2 + 91x - 50 = 0$ ist.

Ermittle **(2)** die anderen Lösungen für $G = \mathbb{C}$ durch Abspalten und mache **(3)** die Probe für die Lösung mit positivem Imaginärteil.

4.02 Spalte **(1)** von der Gleichung $x^4 - 5x^3 - 2x^2 + 46x - 60 = 0$ zunächst die Lösungen $x_1 = 2$ und $x_2 = -3$ ab und berechne **(2)** die restlichen Lösungen für $G = \mathbb{C}$.

4.03 Die Gleichung $x^3 - 3x^2 + 25x - 75 = 0$ besitzt eine ganzzahlige Lösung.
Finde **(1)** diese Lösung durch Probieren, spalte **(2)** sie ab, ermittle **(3)** die weiteren Lösungen für G = C und mache **(4)** die Probe.

4.04 Löse folgende Gleichungen in $\mathbb{R}$:

(a) $4x^4 - 5x^2 + 1 = 0$ **(b)** $x^3 - 3x^2 - 40x = 0$

4.05 Löse folgende reziproke (symmetrische) Gleichungen in $\mathbb{R}$:

(a) $4x^3 + 13x^2 - 13x - 4 = 0$ **(b)** $6x^4 + 5x^3 - 38x^2 + 5x + 6 = 0$

4.06 **(a)** Ermittle eine Gleichung 3.Grades mit den Lösungen 3, 5 + 2i, 5 – 2i.

(b) Zerlege $x^3 + 3x^2 - 6x - 8$ in ein (möglichst einfaches) Produkt.

4.07 Spalte **(1)** von der Gleichung $x^4 - 5x^3 - 2x^2 + 46x - 60 = 0$ zunächst die Lösungen $x_1 = 2$ und $x_2 = -3$ ab und berechne **(2)** die restlichen Lösungen für $G = \mathbb{C}$.

4.08 Die Gleichung $x^4 - 2x^3 + x^2 - 18x - 72 = 0$ besitzt zwei ganzzahlige Lösungen.
Finde **(1)** diese Lösungen durch Probieren, spalte **(2)** sie ab, ermittle **(3)** die weiteren Lösungen für G = $\mathbb{C}$ und mache **(4)** die Probe.

4.09 Löse die symmetrische Gleichung $6x^4 + 5x^3 - 38x^2 + 5x + 6 = 0$ für $G = \mathbb{C}$ mittels der Substitution $x + \frac{1}{x} = u$.

4.10 Löse die symmetrische Gleichung $4x^4 - 17x^3 + 8x^2 - 17x + 4 = 0$ für $G = \mathbb{C}$ mittels der Substitution $x + \frac{1}{x} = u$.

4.11 **(a)** Löse die Gleichung $x^3 - 3x^2 - 54x = 0$ für $G = \mathbb{C}$.

(b) Löse die symmetrische Gleichung $5x^3 + 31x^2 + 31x + 5 = 0$ für $G = \mathbb{C}$.

4.12 **(a)** Gibt es algebraische Gleichungen mit reellen Koeffizienten, welche genau die angegebenen Lösungen besitzen? Wenn nein, begründe! Wenn ja, gib eine solche Gleichung an!

(1) $2, -3, 1-i, i$ **(2)** $2, -1, 3-i, 3+i$

(b) Von welchem Grad ist die algebraische Gleichung $x^3 \cdot (x^2 - 25)^2 \cdot (x^2 - 64) = 0$.

Gib die Lösungen an, ohne schriftlich zu rechnen.

5 Wurzelgleichungen

5.01 Löse in $\mathbb{R}$: **(a)** $\sqrt{4x-2}=5$ **(b)** $\sqrt{x+7}=-3x+9$ **(c)** $\sqrt{2x+6}-\sqrt{3x+7}=0$

5.02 Löse in $\mathbb{R}$: $\sqrt{2x+4}+\sqrt{4x+1}=9$

5.03 Löse in $\mathbb{R}$: $\sqrt{2x+5}-\sqrt{x-6}=3$

5.04 Löse in $\mathbb{R}$: $\sqrt{x+3}+\sqrt{x+10}=\sqrt{4x+25}$

5.05 Löse in $\mathbb{R}$: $\sqrt{4x+1}-\sqrt{x+3}=\sqrt{x-2}$

5.06 Löse in $\mathbb{R}$: $\sqrt{3-2x}+\sqrt{19-10x}=4\cdot\sqrt{2-x}$

5.07 Löse in $\mathbb{R}$: $\sqrt{5-2x}-\sqrt{29-10x}=4\cdot\sqrt{3-x}$

6 Exponentialgleichungen, Anwendungsaufgaben

6.01 Löse folgende Exponentialgleichung in $\mathbb{R}$ und mache die Probe!
$5\cdot 2^{x+2}-3^{x+1}+2^{x+3}=3^{x+2}-2^{x+1}+8\cdot 3^{x}$

6.02 Löse folgende Gleichung in $\mathbb{R}$ und gib die Lösung auf 5 Dezimalen gerundet an.
$7^{x+2}-5^{x+2}+7^{x+1}=5^{x+3}-7^{x+3}+5^{x+4}$

6.03 Löse folgende Gleichungen in $\mathbb{R}$ und gib die Lösung auf 5 Dezimalen gerundet an.
(a) $3\cdot 11^{x}=5\cdot 16^{x}$ **(b)** $5\cdot 7^{x}=4\cdot 15^{x}$

6.04 Der Luftdruck nimmt mit zunehmender Höhe (über dem Meeresspiegel) gemäß dem Gesetz $p=p_0\cdot e^{-0125\,h}$ ab.

p ... Luftdruck in bar, $p_0=1{,}013$ bar ... Luftdruck auf Meeresspiegelniveau,
h ... Höhe über dem Meeresspiegel in km.

(a) Zeichne ein Schaubild.

(b) Berechne den Luftdruck **(1)** auf dem Sonnblick (3105 m), **(2)** dem Neusiedlersee (115 m), **(3)** auf dem Mt. Everest (8848 m), **(4)** in Wien (171 m), **(5)** in 10 km Höhe.

(c) Um wie viel Prozent nimmt der Luftdruck pro km ab?

6.05 Bei einem organischen Wachstumsprozess nimmt die Masse eines beliebigen Organismus pro Tag um 35 % zu.

(a) Stelle das Wachstum durch die Formeln (1) $m_t=m_0\cdot a^t$ und (2) $m_t=m_0\cdot e^{\lambda t}$ dar.

(b) Berechne die Verdopplungszeit.

(c) Wann ist die 50fache Anfangsmasse erreicht?

(d) Zeichne ein Schaubild. Wähle als Zeiteinheit die Verdopplungszeit.

6.06 Ein stetiger Wachstumsvorgang vollzieht sich mit einer Wachstumskonstanten von 2 %. Zur Zeit t = 0 waren 3000 Individuen vorhanden.

(a) Stelle das Wachstumsgesetz auf zwei Arten auf und berechne daraus die Anzahl der Individuen nach 10, 20, 30, 40, 50, 60 Zeiteinheiten.

(b) Zeichne ein Schaubild und lies daraus die Verdopplungszeit ab.

(c) Berechne, in welcher Zeit die Anzahl der Individuen auf das 10fache steigt.

6.07 Beim radioaktiven Zerfall von Wismut beträgt die Halbwertszeit 5,0 Tage.

(a) Ermittle die Zerfallskonstante. Wie lautet das Zerfallsgesetz?

(b) Berechne aus dem Zerfallsgesetz die Wismutmengen nach 2, 4, 6, 8, 10, 12 Tagen, wenn ursprünglich 60 g vorhanden waren.

(c) Zeichne ein Schaubild und lies daraus die Halbwertszeit ab.

(d) Nach wie viel Tagen sind nur mehr 2 g Wismut vorhanden?

6.08 **(a)** Mittels der ^{14}C-Methode (Radiokarbon - Methode) kann das Alter von abgestorbenen Organismen bestimmt werden. Ermittle damit das Alter eines Tierskeletts, wenn man noch 1,8 % des ursprünglichen ^{14}C-Gehalts gemessen hat. (Halbwertszeit $\tau = 5730$ Jahre).

(b) Für radioaktives Kobalt gilt das Zerfallsgesetz $n_t = n_0 \cdot e^{-0,1308\,t}$ (t Jahre).

(1) Wie viel Prozent einer gegebenen Kobaltmenge sind nach 20 Jahren noch vorhanden?

(2) Wie viel Gramm Kobalt waren von derzeit $2,5 \cdot 10^{-3}$ g vor 50 Jahren vorhanden?

7 Logarithmische Gleichungen

7.01 Löse folgende Gleichungen in $\mathbb{R}$ und gib die Lösung auf 5 Dezimalen gerundet an. Führe die Probe aus.

(a) $2\lg x - \lg(x+2) = 1$ **(b)** $\lg\frac{x}{5} + 2 = \lg\left(x^2 - 21\right)$

7.02 Löse folgende logarithmische Gleichung in $\mathbb{R}$ und mache die Probe!

$2\log(x-3) - \log(2x+1) = \log 2 + \log(5-x)$

7.03 Löse folgende logarithmische Gleichung in $\mathbb{R}$ und mache die Probe!

$\log(x+5) - \log(x-4) = \log(3x-5) - \log(x-3)$

7.04 Löse folgende Gleichungen in $\mathbb{R}$ und mache die Probe!

(a) $\lg(x-6) - \lg(x+4) = \lg 5 - \lg 7$ **(b)** $7^{\lg x} = 49$

7.05 Löse folgende Gleichungen in $\mathbb{R}$ und mache die Probe!

(a) $\lg 3x + \lg(4x-7) = \lg 11x + \lg 9$ **(b)** $5^{\lg x} = \frac{1}{25}$

7.06 Löse folgende Gleichungen in $\mathbb{R}$ und mache die Probe!

(a) $x^{\lg x - 1,5} = 10$ **(b)** $x^{\ln x + 3,5} = e^2$

8 Goniometrische Gleichungen

8.01 Löse die goniometrische Gleichung $2\cos\varphi = 1$

für **(1)** $G = [\,0°; 360°\,[$, **(2)** $G = [\,0; 2\pi\,[$, **(3)** $G = [\,0^g; 400^g\,[$

8.02 Löse die goniometrische Gleichung $4\tan 2\varphi = 5$ für $G = [\,0°; 360°\,[$

8.03 Löse die goniometrische Gleichung $3\sin^2\varphi = 2$ für $G = [\,0; 2\pi\,[$

8.04 Löse die goniometrische Gleichung $2\sin\varphi = \tan\varphi$ für **(1)** $G = [\,0°; 360°\,[$, **(2)** $G = [\,0; 2\pi\,[$

8.05 Löse die goniometrische Gleichung $2\cos^2\varphi = \sin 2\varphi$ für $G = \mathbb{R}$.

Gib das Ergebnis **(1)** im Gradmaß **(2)** in Bogenmaß **(3)** in Neugrad an.

8.06 Löse die goniometrische Gleichung $\cos 2\varphi = \cos\varphi - 0,5$ für $G = [\,0°; 360°\,[$.

Gib das Ergebnis auch in Neugrad und im Bogenmaß an.

9 Lineare Ungleichungen, Ungleichungssysteme, Textaufgaben

9.01 Löse folgende Ungleichung in $\mathbb{N}_u, \mathbb{Z}, \mathbb{R}$ und mache die Kontrolle für die kleinste ganzzahlige Lösung.

$$\frac{4x+9}{10}-\frac{x+5}{5}<\frac{7x-1}{25}+\frac{3-x}{20}$$

9.02 Löse folgende Ungleichung in $\mathbb{N}_g, \mathbb{Z}, \mathbb{R}$ und mache die Kontrolle für die kleinste ganzzahlige Lösung.

$$\frac{7x-2}{3}-\frac{3(x+2)}{4}>\frac{4}{5}(x+3)-6$$

9.03 Löse folgende Ungleichung in $\mathbb{N}, \mathbb{Z}, \mathbb{R}$ und mache die Kontrolle für die größte ganzzahlige Lösung.

$$(3x+5)^2-(2x-3)^2 \le 5x^2+7(2x+12)$$

9.04 Löse folgende Ungleichung in $\mathbb{N}^*, \mathbb{Z}^-, \mathbb{R}$ und mache die Kontrolle für die kleinste Lösung in $\mathbb{N}^*$

$$8(x+5)-(2x-7)^2 \ge 5x^2-(3x+2)^2$$

9.05 Löse folgendes Ungleichungssystem in $\mathbb{N}, \mathbb{Z}, \mathbb{R}$. Veranschauliche die Teillösungsmengen und die Gesamtlösung am Zahlenstrahl.

$$15-5x<3x+6 \le 60$$

9.06 Löse folgendes Ungleichungssystem in $\mathbb{N}, \mathbb{Z}, \mathbb{R}$. Veranschauliche die Teillösungsmengen und die Gesamtlösung am Zahlenstrahl.

$$3x+5 \le 2(x-4)<4$$

9.07 Löse folgendes Ungleichungssystem in $\mathbb{N}, \mathbb{Z}, \mathbb{R}$. Veranschauliche die Teillösungsmengen und die Gesamtlösung am Zahlenstrahl.

$$\frac{2x+1}{3}<x+1 \le \frac{x}{4}+7$$

9.08 Löse folgendes Ungleichungssystem in $\mathbb{N}, \mathbb{Z}, \mathbb{R}$. Veranschauliche die Teillösungsmengen und die Gesamtlösung am Zahlenstrahl.

$$\frac{2x-7}{6} \le \frac{3x+7}{2}<x+6$$

9.09 Löse $\frac{x+2}{x-1}<4$ in $\mathbb{R}, \mathbb{Z}$. Veranschauliche die Teillösungsmengen und die Gesamtlösung am Zahlenstrahl.

9.10 Löse $\frac{x-4}{x+1} > 6$ in $\mathbb{R}, \mathbb{Z}$. Veranschauliche die Teillösungsmengen und die Gesamtlösung am Zahlenstrahl.

9.11 Löse $\frac{x+1}{x-4} > 0$ in $\mathbb{R}, \mathbb{Z}$. Veranschauliche die Teillösungsmengen und die Gesamtlösung am Zahlenstrahl.

9.12 Löse $\frac{x-3}{x+2} < 0$ in $\mathbb{R}, \mathbb{Z}$. Veranschauliche die Teillösungsmengen und die Gesamtlösung am Zahlenstrahl.

9.13 Löse $|3x-3| < 9$ in $\mathbb{R}, \mathbb{Z}$. Veranschauliche die Teillösungsmengen und die Gesamtlösung am Zahlenstrahl.

9.14 Löse $|2x-1| \geq 7$ in $\mathbb{R}, \mathbb{Z}$. Veranschauliche die Teillösungsmengen und die Gesamtlösung am Zahlenstrahl.

9.15 Löse $|2x-5| \leq 17$ in $\mathbb{R}, \mathbb{Z}$. Veranschauliche die Teillösungsmengen und die Gesamtlösung am Zahlenstrahl.

9.16 Löse $|3x-6| > 18$ in $\mathbb{R}, \mathbb{Z}$. Veranschauliche die Teillösungsmengen und die Gesamtlösung am Zahlenstrahl.

9.17 1 Liter Wein kostet im Geschäft 2,60 €. Beim Weinhauer kostet derselbe Wein 1,80 € pro Liter, doch entstehen bei der Fahrt zum Weinhauer Kosten von 19 €. Bei welcher Weinmenge lohnt sich die Fahrt zum Weinhauer?

9.18 Welche zweiziffrigen Zahlen mit der Einerziffer 3 sind kleiner als das 5-fache ihrer Ziffernsumme?

9.19 Bei der Herstellung eines Produkts betragen die Fixkosten 10465 €, die Stückkosten 2,86 €. Der Verkaufspreis betrage 3,19 € (ohne MWSt). Wie viel Stück müssen mindestens verkauft werden, damit kein Verlust entsteht?

9.20 Eine Telefongesellschaft bietet für die Geschäftszeit 2 verschiedene Tarife an.
Tarif 1: 14,5 € Grundgebühr/Monat, 6 Cent/Minute Gesprächsgebühr.
Tarif 2: 18,5 € Grundgebühr/Monat, 5 Cent/Minute Gesprächsgebühr.
Berechne, ab welcher Verbindungszeit/Monat der 2. Tarif günstiger ist.

9.21 Ein Paar will eine Wohnung mieten und dafür höchstens 800 € monatlich ausgeben.
Wie groß darf die Wohnung höchstens sein, wenn für die reine Miete $5{,}7€/m^2$, für die Betriebskosten $2{,}6€/m^2$ und für eine Reparaturrücklage 10% der Miete verrechnet werden?

1 Lineare Gleichungen mit einer Variablen, Textaufgaben

1.01 **(a)** $2x-11-\{[3x+2-(14x+8)]-(-8x-3)-4x\}=8x-5$

$$2x-11-\{3x+2-14x-8+8x+3-4x\}=8x-5$$
$$2x-11-(-7x-3)=8x-5$$
$$2x-11+7x+3=8x-5$$
$$x=3$$

Probe: L.S.: $6-11-\{[9+2-(42+8)]-(-24-3)-12\}=19$ R:S.: $24-5=19$

(b) $(x-1)^2+(2x+3)^2=5(x^2+6)+60$

$$x^2-2x+1+4x^2+12x+9=5x^2+30+60$$
$$10x+10=90$$
$$10x=80$$
$$x=8$$

Probe: L.S.: $(8-1)^2+(2\cdot 8+3)^2=49+361=410$ R.S.: $5(8^2+6)+60=350+60=410$

1.02 $\frac{4x+5}{\underbrace{20}_{4\cdot 5}}-\frac{2x+1}{\underbrace{15}_{3\cdot 5}}+\frac{1}{\underbrace{40}_{8\cdot 5}}=\frac{5(x+2)}{\underbrace{40}_{8\cdot 5}}-\frac{3x-5}{\underbrace{30}_{6\cdot 5}} \quad \Big| \cdot 120 \ldots$Hauptnenner

$$\text{kgV}=3\cdot 5\cdot 8=120$$
$$6(4x+5)-8(2x+1)+3=15(x+2)-4(3x-5)$$
$$24x+30-16x-8+3=15x+30-12x+20$$
$$8x+25=3x+50$$
$$5x=25$$
$$x=5$$

Probe: L.S.: $\frac{25}{10}-\frac{11}{15}+\frac{1}{40}=\frac{150-88+3}{120}=\frac{65}{120}=\frac{13}{24}$ R.S.: $\frac{35}{40}-\frac{10}{30}=\frac{105-40}{120}=\frac{65}{120}=\frac{13}{24}$

1.03 $\frac{3x+4}{5}-\frac{2x-3}{11}+x=12+\frac{x+3}{10}-\frac{3x-17}{2} \quad \Big| \cdot 110 \ldots$Hauptnenner

$$\text{kgV}=2\cdot 5\cdot 11=110$$
$$22(3x-4)-10(2x-3)+110x=1320+11(x+3)-55(3x-17)$$
$$66x+88-20x+30+110x=1320+11x+33-165x+935$$
$$156x+118=-154x+2288$$
$$310x=2170$$
$$x=7$$

Probe: L.S.: $\frac{25}{5}-\frac{11}{11}+7=11$ R.S.: $12+\frac{10}{10}-\frac{4}{2}=11$

1.04 Alle Nenner = 0 setzen!

$x-1=0 \Leftrightarrow x=1$

$x=0$ Daher: $D=\mathbb{R}\setminus\{0,1,2\}$

$x-2=0 \Leftrightarrow x=2$

$$\frac{8}{x-1}-\frac{6}{x}=\frac{2}{x-2} \quad \Big| \cdot(x-1)x(x-2) \text{ ... Hauptnenner}$$

$$8x(x-2)-6(x-1)(x-2)=2x(x-1)$$
$$8x^2-16x-6(x^2-3x+2)=2x^2-2x$$
$$8x^2-16x-6x^2+18x-12=2x^2-2x$$
$$4x=12$$
$$x=3\in D$$

Probe: L.S.: $\frac{8}{2}-\frac{6}{3}=2$ R.S.: $\frac{2}{1}=2$ Da L.S. = R.S gilt: $L=\{3\}$

1.05 Alle Nenner = 0 setzen!

$x+3=0 \Leftrightarrow x=-3$

$x^2-9=(x-3)(x+3)=0$ Daher: $D=\mathbb{R}\setminus\{-3,3\}$

$x-3=0 \Leftrightarrow x=3$

$x+3=0 \Leftrightarrow x=-3$

$$\frac{2(x+15)}{x+3}-\frac{6(x+3)}{x^2-9}=2 \quad \Big| \cdot(x-3)(x+3) \text{ ... Hauptnenner}$$

$$2(x+15)(x-3)-6(x+3)=2(x^2-9)$$
$$2(x^2+15x-3x-45)-6x-18=2x^2-18$$
$$2x^2+30x-6x-90-6x-18=2x^2-18$$
$$18x=90$$
$$x=5\in D$$

Probe: L.S.: $\frac{2\cdot(5+15)}{5+3}-\frac{6(5+3)}{5^2-9}=\frac{40}{8}-\frac{48}{16}=5-3=2$ R.S.: $\frac{2}{1}=2$ Da L.S. = R.S gilt: L = {5}

1.06 Alle Nenner = 0 setzen!

$x-4=0 \Leftrightarrow x=4$

$x^2-16=(x-4)(x+4)=0$ Daher: $D=\mathbb{R}\setminus\{-4,4\}$

$x-4=0 \Leftrightarrow x=4$

$x+4=0 \Leftrightarrow x=-4$

$$\frac{3(x+2)}{x-4}-\frac{6(x-6)}{x^2-16}=3 \quad \Big| \cdot(x-4)(x+4) \text{....... Hauptnenner}$$

$$3(x+2)(x+4)-6(x-6)=3(x^2-16)$$
$$3(x^2+2x+4x+8)-6x+36=3x^2-48$$
$$3x^2+6x+12x+24-6x+36=3x^2-48$$
$$12x=-108$$
$$x=-9\in D$$

Probe: L.S.: $\frac{3\cdot(-9+2)}{-9-4}-\frac{6\cdot(-9-6)}{(-9)^2-16}=\frac{-21}{-13}-\frac{-90}{65}=\frac{195}{65}=3$ R.S.: 3 Da L.S. = R.S gilt: L = {−9}

1.07 Ursprüngliche Zahl: Z E / • • / x 3x — Dekadischer Wert: 10x + 3x

Zahl mit vertauschten Ziffern: Z E / • • / 3x x — Dekadischer Wert: 30x + x

Ansatzgleichung: $10x + 3x + 36 = 30x + x$

Lösen der Ansatzgleichung:

$$13x + 36 = 31x$$

$$36 = 18x$$

$$x = 2$$

Antwort: Die Zahl heißt 26.

Prüfung: 62 ist um 36 größer als 26. (62 – 36 = 26)

1.08

	Z	E	Dekadischer Wert
Gesuchte Zahl	$15-x$	x	$10\cdot(15-x)+x=150-9x$
Neue Zahl	x	$15-x$	$10x+15-x=9x+15$

Ansatzgleichung: $\frac{9x+15}{2}+48=150-9x$

Lösen der Ansatzgleichung:

$$9x + 15 + 96 = 300 - 18x$$

$$27x = 189$$

$$x = 7$$

Antwort: Die Zahl heißt 87.

Prüfung: $\frac{78}{2}=39;\ 39+48=87$

1.09

	Länge	Breite	Flächeninhalt
UrsprünglichesRechteck	x	x-6	$x\cdot(x-6)$
Neues Rechteck	x-3	x-6	$(x-3)(x-6)$

Ansatzgleichung: $x(x-6)-120=(x-3)(x-6)$

$$x^2 - 60x - 120 = x^2 - 3x - 6x + 18$$

$$3x = 138$$

$$x = 46$$

Antwort: Die Seitenlängen des ursprünglichen Rechtecks sind 46cm und 40cm.

Prüfung: $43\cdot 40=1720$ ist um 120 kleiner als $46\cdot 40=1840$

1.10 A erhält x €, B erhält $x+\frac{x\cdot 25}{100}=1{,}25x$ €, C erhält $\frac{2}{3}(x+1{,}25x)$ €

Ansatzgleichung:

(1) $x+1{,}25x+\frac{2}{3}(x+1{,}25x)=7500$

$$2{,}25x+\frac{2}{3}\cdot 2{,}25x=7500$$

$$3{,}75x=7500$$

$$x=\frac{7500}{3.75}$$

$$x=2000$$

Antwort: A erhält 2000 €, B erhält 2500 € und C erhält 3000 €.

Prüfung: 2000 + 2500 + 3000 = 7500

(2) $x=\frac{a}{3{,}75}=\frac{4}{15}a$

Antwort: A erhält $\frac{4}{15}a$ €, B erhält $1{,}25\cdot\frac{4}{15}a=\frac{1}{3}a$ € und C erhält $\frac{2}{3}\cdot\left(\frac{4a}{15}+\frac{a}{3}\right)=\frac{2}{3}\cdot\frac{3a}{5}=\frac{2}{5}a$ €

Prüfung: $\frac{4a}{15}+\frac{a}{3}+\frac{2a}{5}=\frac{4a+5a+6a}{15}=\frac{15a}{15}=a$

1.11 **(1)** x Liter .... 50%-iger Spiritus , das sind $x\cdot 0{,}5$ Liter reiner Spiritus

$150-x$ Liter 80%-iger Spiritus, das sind $(150-x)\cdot 0{,}8$ Liter reiner Spiritus.

150 Liter .... 70%-iger Spiritus, das sind $150\cdot 0{,}7$ Liter reiner Spiritus.

Ansatzgleichung: Reiner Spiritus der Mischungsbestandteile = Reiner Spiritus der Mischung

$$x\cdot 0{,}5+(150-x)\cdot 0{,}8=150\cdot 0{,}7$$

$$0{,}5x+120-0{,}8x=105$$

$$-0{,}3x=-15 \,\big|\, :-0{,}3$$

$$x=50$$

Antwort: Es werden 50 Liter vom 50%-igen und 100 Liter vom 80%-igen Spiritus benötigt.

(2) $a-x$ Liter 80%-iger Spiritus, das sind $(a-x)\cdot 0{,}8$ Liter reiner Spiritus.

Ansatzgleichung in Abhängigkeit von a:

$$x\cdot 0{,}5+(a-x)\cdot 0{,}8=a\cdot 0{,}7$$

$$0{,}5x+0{,}8a-0{,}8x=0{,}7a$$

$$-0{,}3x=-0{,}1a \,\big|\, :-0{,}3$$

$$x=\frac{1}{3}a$$

Antwort: Es werden $\frac{1}{3}a$ Liter vom 50%-igen und $\frac{2}{3}a$ Liter vom 80%-igen Spiritus benötigt.

1.12

	Masse in g	Reines Fett
1.Bestandteil	x	$x \cdot 0,1$
2.Bestandteil	600-x	$(600-x) \cdot 0,4$
	$a-x$	$(a-x) \cdot 0,4$
Mischung	600	$600 \cdot 0,2$

Ansatzgleichung: Reines Fett der Mischungsbestandteile = Reines Fett der Mischung

(1)

$$x \cdot 0,1 + (600-x) \cdot 0,4 = 600 \cdot 0,2$$
$$0,1x + 240 - 0,4x = 120$$
$$-0,3x = -120 \,|\, : -0,3$$
$$x = 400$$

Antwort: Es werden 400g vom 10%-igen und 200g vom 40%-igen Topfen benötigt.

(2) In Abhängigkeit von a:

$$x \cdot 0,1 + (a-x) \cdot 0,4 = a \cdot 0,2$$
$$0,1x + 0,4a - 0,4x = 0,2a$$
$$-0,3x = -0,2a \,|\, : -0,3$$
$$x = \frac{2}{3}a$$

Antwort: Es werden $\frac{2}{3}a$ Gramm vom 10%-igen und $\frac{1}{3}a$ Gramm vom 40%-igen Topfen benötigt.

1.13 x .... Teilstrecke mit Verkehrsbehinderung

$180-x$ ... Teilstrecke ohne Verkehrsbehinderung

Für die Berechnung der Fahrzeiten benütze die Formel $\text{Zeit} = \frac{\text{Weg}}{\text{Geschwindigkeit}}$

Ansatzgleichung: Summe der Fahrzeiten = Gesamte Fahrzeit

$$\frac{x}{40} + \frac{180-x}{60} = 3\frac{1}{6} = \frac{19}{6} \,\Big|\, \cdot 120$$
$$3x + (180-x) \cdot 2 = 19 \cdot 20$$
$$3x + 360 - 2x = 380$$
$$x = 20$$

Antwort: Die Teilstrecke mit Verkehrsbehinderung beträgt 20 km.

1.14 x ..... Betrag, um den die mittlere Geschwindigkeit erhöht werden muss.

Zeitersparnis: 20 min = $\frac{1}{3}$h. Für die Fahrzeiten benütze die Formel $\text{Zeit} = \frac{\text{Weg}}{\text{Geschwindigkeit}}$

Ansatzgleichung: Differenz der Fahrzeiten = Zeitersparnis

$$\frac{100}{60} - \frac{100}{60+x} = \frac{1}{3} \,\Big|\, \cdot 3 \cdot 60 \cdot (60+x)$$
$$3 \cdot 100 \cdot (60+x) - 100 \cdot 3 \cdot 60 = 60 \cdot (60+x)$$
$$1800 + 30x - 1800 = 360 + 6x$$
$$24x = 360$$
$$x = 15$$

Antwort: Die Geschwindigkeit müsste um 15 km/h also auf 75 km/h erhöht werden.

2 Quadratische Gleichungen und Anwendungen, Satz von VIETA

2.01 **(1)** $x^2 - 3 = 2x$

$x^2 - 2x - 3 = 0$

$x_{1,2} = 1 \pm \sqrt{1+3} \;\Big\}= 2$

$x_1 = 3$

$x_2 = -1$

(2) Durch Umformen erhält man die Gleichung: $x^2 - 2x - 3 = 0$.

Zugehörige Funktion: $y = f(x) = x^2 - 2x - 3$

Die Nullstellen dieser Funktion sind Die Lösungen.

Wertetabelle von f(x)

x	y
−3	12
−2	5
−1	0
0	−3
1	−4
2	−3
3	0
4	5

Graph

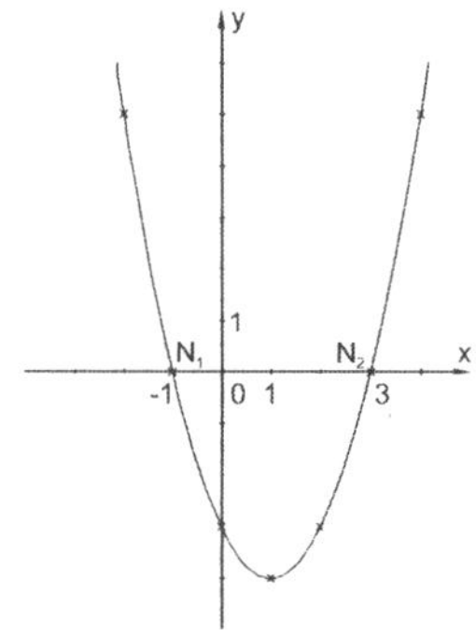

2.02 **(1)** $6 - x^2 = x$

$x^2 + x - 6 = 0$

$x_{1,2} = -\frac{1}{2} \pm \sqrt{\frac{1}{4} + \frac{24}{4}} \;\Big\}= \frac{5}{2}$

$x_1 = 2$

$x_2 = -3$

(2) Die gegebene Gleichung ist vom Typ f(x) = g(x) mit $f(x) = 6 - x^2$ und $g(x) = x$ (1. Mediane).

Die x-Koordinaten der Schnittpunkte sind die Lösungen.

Wertetabelle von f(x)

x	y
−4	−10
−3	−3
−2	2
−1	5
0	6
1	5
2	2
3	3
4	10

Graphen

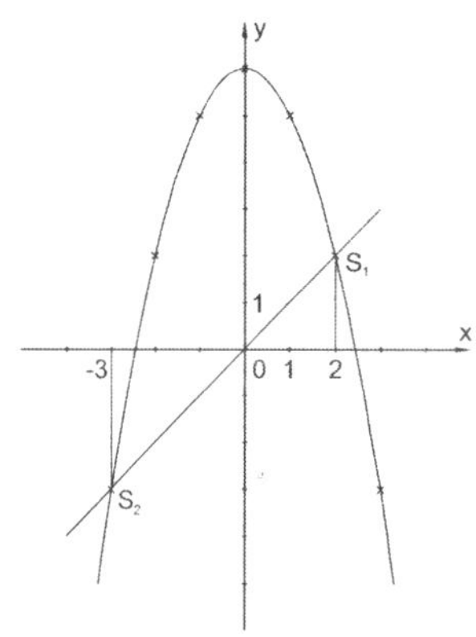

2.03

$$(x+3)(x-2) - x^2 = (5-x)(x+2) + 32$$
$$x^2 + 3x - 2x - 6 - x^2 = 5x - x^2 + 10 - 2x + 32$$
$$x - 6 = 3x - x^2 + 42$$
$$x^2 - 2x - 48 = 0$$
$$x_{1,2} = 1 \pm \sqrt{1+48} = 1 \pm \sqrt{49} \Big\} = 7$$
$$x_1 = 8 \qquad L_{\mathbb{N}} = \{8\}$$
$$x_2 = -6 \qquad L_{\mathbb{Z}} = L_{\mathbb{Q}} = \{-6, 8\}$$

Probe: L.S.: $(8+3)(8-2) - 64 = 11 \cdot 6 - 64 = 2$ R.S.: $-3 \cdot 10 + 32 = -30 + 32 = 2$

2.04 Alle Nenner = 0 setzen!

$2x + 3 = 0 \Leftrightarrow x = -\frac{3}{2}$

$2x - 3 = 0 \Leftrightarrow x = \frac{3}{2}$

$4x^2 - 9 = (2x-3)(2x+3) = 0$

$x = \pm\frac{3}{2}$

Daher: $D = \mathbb{R} \setminus \left\{-\frac{3}{2}, \frac{3}{2}\right\}$

Fortsetzung von 2.04

$$\frac{3x-4}{2x+3}+\frac{5-2x}{2x-3}=\frac{x^2+5}{4x^2-9} \quad \Big| \cdot(2x-3)(2x+3) \text{ .... Hauptnenner}$$

$$(3x-4)(2x-3)+(5-2x)(2x+3)=x^2+5$$

$$6x^2-8x-9x+12+10x-4x^2+15-6x=x^2+5$$

$$x^2-13x+22=0$$

$$x_{1,2}=\frac{13}{2}\pm\sqrt{\frac{169}{4}-22}\ \Big\}=\frac{9}{2}$$

$$x_1=11\in D$$

$$x_2=2\in D \qquad L=\{2,11\}$$

2.05 (a)

$$(x-x_1)(x-x_2)=0$$

$$(x+3)\left(x-\frac{3}{4}\right)=0$$

$$x^2+3x-\frac{3}{4}x-\frac{9}{4}=0 \quad \Big| \cdot 4$$

$$4x^2+12x-3x-9=0$$

$$4x^2+9x-9=0$$

(b) $3x^2-16x+5=0$

$$x_{1,2}=\frac{16\pm\sqrt{256-60}\ \}=14}{6}$$

$$x_1=5,\ x_2=\frac{1}{3}$$

Quadrate: $25, \frac{1}{9}$

Produkt der Linearfaktoren

$$(x-25)\left(x-\frac{1}{9}\right)=0 \Leftrightarrow x^2-25x-\frac{1}{9}x+\frac{25}{9}=0 \ |\cdot 9$$

$$9x^2-225x-x+25=0 \Leftrightarrow \quad 9x^2-226x+25=0$$

2.06 (a) Löse zunächst die quadratische Gleichung $x^2-2x-15=0$

$$x_{1,2}=1\pm\sqrt{1+15}\ \Big\}=4$$

$$x_1=5,\ x_2=-3$$

Damit: $x^2-2x-15=(x-5)(x-(-3))=(x-5)(x+3)$

(b) Setze die bekannten Werte in die Gleichung $ax^2+bx+c=0$ ein!

$$3\cdot 2^2+b\cdot 2-2=0$$

$$2b=-10$$

$$b=-5$$

Löse nun die Gleichung $3x^2-5x-2=0$ $\qquad x_{1,2}=\frac{5\pm\sqrt{25+24}\ \}=7}{6} \Rightarrow x_1=2,\ x_2=-\frac{1}{3}$

2.07 $x^2+3x-(a^2-3a)=0$

Setze die Werte $A=1, B=3, C=-(a^2-3a)$ in die „große" Lösungsformel für quadratische Gleichungen ein.

$$x_{1,2}=\frac{-3\pm\sqrt{9+4(a^2-3a)}}{2}=\frac{-3\pm\sqrt{9+4a^2-12a}}{2}=\frac{-3\pm\sqrt{4a^2-12a+9}}{2}=$$

$$=\frac{-3\pm\sqrt{(2a-3)^2}}{2}=\frac{-3\pm(2a-3)}{2}$$

$$x_1=\frac{-6+2a}{2}=-3+a, \qquad x_2=\frac{-3-2a+3}{2}=-a$$

a	−1	0	1	2	3
L	−4;1	−3;0	−2;−1	−1;−2	0;−3

2.08 Alle Nenner = 0 setzen.

$2x-a=0 \Leftrightarrow x=\frac{a}{2} \quad x-a=0 \Leftrightarrow x=a \qquad$ Daher: $D=\mathbb{R}\setminus\left\{\frac{a}{2},a\right\}, a\neq 0$

$\frac{2}{2x-a}+\frac{1}{x-a}=\frac{3}{a} \,\Big|\cdot a(x-a)(2x-a)$ ... Hauptnenner

$$2a(x-a)+a(2x-a)=3(x-a)(2x-a)$$
$$2ax-2a^2+2ax-a^2=3(2x^2-2ax-ax+a^2)$$
$$4ax-3a^2=6x^2-9ax+3a^2$$
$$6x^2-13ax+6a^2=0$$
$$x_{1,2}=\frac{13a\pm\sqrt{169a^2-144a^2}\ \}=5a}{12}$$
$$x_1=\frac{18a}{12}=\frac{3a}{2}$$
$$x_2=\frac{8a}{12}=\frac{2a}{3}, L=\left\{\frac{2a}{3};\frac{3a}{2}\right\} \text{ für alle } a\neq 0$$

2.09

	Z	E	Dekadischer Wert
Gesuchte Zahl	7	x	70+x
Zahl mit vertauschten Ziffern	x	7	10x+7

Ansatzgleichung: $(70+x)^2+40x^2-72=(10x+7)^2$

$$4900+140x+x^2+40x^2-72=100x^2+140x+49$$
$$4779=59x^2$$
$$x^2=81$$
$$x_1=9$$
$$x_2=-9, \text{ohne Bedeutung}$$

Antwort: Die gesuchte Zahl heißt 79.

Prüfung: $79^2+40\cdot 9^2=9481,\ 97^2=9409,\ 9481=9409+72$

2.10 1.Kathete: x, 2.Kathete: x – 7, Hypotenuse: x + 2
Wende den pythagoräischen Lehrsatz an:

$$x^2+(x-7)^2=(x+2)^2$$
$$x^2+x^2-14x+49=x^2+4x+4$$
$$x^2-18x+45=0$$
$$x_{1,2}=9\pm\sqrt{81-45}\ \}=6$$
$$x_1=15, (x_2=3, \text{ohne Bedeutung})$$

Antwort: Die Katheten sind 8cm und 15cm lang, die Hypotenuse beträgt 17cm.

Prüfung: $8^2+15^2=289,\ 17^2=289$

2.11

	Z	E	Dekadischer Wert	Ziffernsumme
Zahl	x + 6	x	$10(x+6)+x=11x+60$	2x + 6

Ansatzgleichung: $11x+60+18=(2x+6)^2$

$$11x+60+18=4x^2+24x+36$$

$$4x^2+13x-42=0$$

$$x_{1,2}=\frac{-13\pm\sqrt{169+672}\ \}=29}{8}$$

$$x_1=2$$

$$x_2=-5{,}25,\text{ohne Bedeutung}$$

Antwort: Die Zahl heißt 82.

Prüfung: Die Zahl 82 ist um 18 kleiner als 102 = 100.

2.12 x .... Ursprüngliche Durchschnittsgeschwindigkeit,

Zeitdifferenz: 15min = $\frac{1}{4}$h

Für die Berechnung der Fahrzeiten benütze die Formel $\text{Zeit}=\frac{\text{Weg}}{\text{Geschwindigkeit}}$

Ansatzgleichung: Differenz der Fahrzeiten = Zeitdifferenz

$$\frac{180}{x-10}-\frac{180}{x}=\frac{1}{4}\ \Big|\cdot 4\cdot x\cdot(x-10)$$

$$180\cdot 4\cdot x-180\cdot 4\cdot(x-10)=x\cdot(x-10)$$

$$720x-720x+7200=x^2-10x$$

$$x^2-10x-7200=0$$

$$x_{1,2}=5\pm\sqrt{25+7200}\ \}-85$$

$$x_1=90,(x_2=-80,\text{ ohne Bedeutung})$$

Antwort: Die ursprüngliche Durchschnittsgeschwindigkeit beträgt 90km/h.

Prüfung: $\frac{180\text{km}}{90\text{km/h}}=2\text{h},\ \frac{180\text{km}}{80\text{km/h}}=\frac{9}{4}\text{h}=2\frac{1}{4}\text{h}.$

Die Zeitdifferenz beträgt also $\frac{1}{4}\text{h}=15\text{min}.$

2.13 **(1)** Setze für a = 2, b = 18 und c = 41 in der „großen" Lösungsformel ein:

$$z_{1,2}=\frac{-18\pm\sqrt{324-328}}{4}=\frac{-18\pm\sqrt{-4}}{4}=\frac{-18\pm\sqrt{4i^2}}{4}=\frac{-18\pm 2i}{4}$$

$$z_1=\frac{-18+2i}{4}=\frac{-9+i}{2}=-\frac{9}{2}+\frac{1}{2}i,\quad z_2=\frac{-18-2i}{4}=\frac{-9-i}{2}=-\frac{9}{2}-\frac{1}{2}i$$

(2) Berechne zunächst p und q:

$$2z^2+18z+41=0\,\big|\,:2$$

$$z^2+9z+\frac{41}{2}=0\Rightarrow p=9, q=\frac{41}{2}$$

$$\bullet(z-z_1)\cdot(z-z_2)=\left[z-\left(-\frac{9}{2}+\frac{1}{2}i\right)\right]\cdot\left[z-\left(-\frac{9}{2}-\frac{1}{2}i\right)\right]=$$

$$=\left[\left(z+\frac{9}{2}\right)-\frac{1}{2}i\right]\cdot\left[\left(z+\frac{9}{2}\right)+\frac{1}{2}i\right]=\left(z+\frac{9}{2}\right)^2+\left(\frac{1}{2}\right)^2=$$

$$=z^2+9z+\frac{81}{4}+\frac{1}{4}=z^2+9z+\frac{41}{2}$$

$$\bullet\ z_1\cdot z_2=\left(-\frac{9}{2}+\frac{1}{2}i\right)\cdot\left(-\frac{9}{2}-\frac{1}{2}i\right)=\frac{81}{4}+\frac{1}{4}=\frac{82}{4}=\frac{41}{2}=q$$

$$\bullet\ z_1+z_2=\left(-\frac{9}{2}+\frac{1}{2}i\right)+\left(-\frac{9}{2}-\frac{1}{2}i\right)=-9=-p$$

2.14 **(a)** $x_2=-2-5i$

Berechne p und q mit Hilfe der Aussagen der Satzgruppe von VIETA:

$\bullet x_1+x_2=-p$

$(-2+5i)+(-2-5i)=-4=-p\Rightarrow p=4$

$\bullet x_1\cdot x_2=q$

$(-2+5i)\cdot(-2-5i)=4+25=29=q$

Damit: $x^2+4x+29=0$

(b) $z_1=a+2i, z_2=a-2i$

$\bullet\ z_1+z_2=-p$

$(a+2i)+(a-2i)=9$

$2a=9\Rightarrow a=4.5$

$\bullet\ z_1\cdot z_2=q$

$(4.5+2i)\cdot(4.5-2i)=20.25+4=24.25=q$

Damit: $z^2-9z+24.25=0$

$z_1=4.5+2i;\ z_2=4.5-2i$

(c) $9x^2+16=0\,\big|\,:9$

$$x^2+\frac{16}{9}=0\Rightarrow x^2=-\frac{16}{9}=\frac{16}{9}i^2\Rightarrow x_1=\frac{4}{3}i,\ x_2=-\frac{4}{3}i$$

$$x^2+\frac{16}{9}=(x-x_1)\cdot(x-x_2)=\left(x-\frac{4}{3}i\right)\cdot\left(x+\frac{4}{3}i\right)\Big|\cdot 9$$

$$9x^2+16=9\cdot\left(x-\frac{4}{3}i\right)\cdot\left(x+\frac{4}{3}i\right)=3\cdot\left(x-\frac{4}{3}i\right)\cdot 3\cdot\left(x+\frac{4}{3}i\right)=(3x-4i)\cdot(3x+4i)$$

2.15 Hauptnenner = 0 setzen: $4-x^2=0 \Rightarrow x_{1,2}=\pm 2 \Rightarrow D=\mathbb{R}\setminus\{-2;2\}$.

$$\frac{2}{2-x}-\frac{2}{2+x}=\frac{x^2+2x+5}{4-x^2} \quad \Big| \cdot(2-x)\cdot(2+x)=(4-x^2)\cdots \text{HN}$$

$$2\cdot(2+x)-2\cdot(2-x)=x^2+2x+5$$
$$4+2x-4+2x=x^2+2x+5$$
$$x^2-2x+5=0$$
$$x_{1,2}=1\pm\sqrt{1-5}=1\pm\sqrt{-4}=1\pm 2i \Rightarrow x_1=1+2i\in D,\ x_2=1-2i\in D$$

Probe für $x_1=1+2i$:

$$\text{L.S.:}\ \frac{2}{2-(1+2i)}-\frac{2}{2+(1+2i)}=\frac{2}{1-2i}-\frac{2}{3+2i}=\frac{2\cdot(3+2i)-2\cdot(1-2i)}{(1-2i)\cdot(3+2i)}=\frac{6+4i-2+4i}{3-6i+2i\underbrace{-4i^2}_{+4}}=\frac{4+8i}{7-4i}$$

$$\text{R.S.:}\ \frac{(1+2i)^2+2\cdot(1+2i)+5}{4-(1+2i)^2}=\frac{1+4i\overbrace{+4i^2}^{-4}+2+4i+5}{4-1-4i-4i^2}=\frac{4+8i}{7-4i}=\text{L.S.}$$

3 Lineare Gleichungssysteme

Lineare Gleichungssysteme mit zwei Variablen, Textaufgaben

3.01 (1) I: $3x-4y=-26$

$$4y=3x+26$$
$$y=\frac{3}{4}x+\frac{26}{4}$$
$$k=\frac{3}{4},\quad d=\frac{13}{2}=6{,}5$$

II: $4x+2y=2$

$$2y=-4x+2$$
$$y=-2x+1$$
$$k=-2,\quad d=1$$

$L=\{(-2/5)\}$

(2) I: L.S.: $3\cdot(-2)-4\cdot 5=-26$ R.S.: -26

II: L.S.: $4\cdot(-2)+2\cdot 5=2$ R.S.: 2

3.02 **(1)** I: $2x-3y=21$

II: $2x+4y=-14$

I′: $2x=3y+21$

II′: $2x=-4y-14$

$$3y+21=-4y-14$$
$$7y=-35$$
$$y=-5$$

I′: $2x=3\cdot(-5)+21=6$

$\underline{x=3}$

$L=\{(3/-5)\}$

(2) I: $2x-3y=21 \quad |\cdot(-1)$

II: $2x+4y=-14$

I′: $-2x+3y=-21$

II: $2x+4y=-14$

$$7y=-35$$
$$y=-5$$

I: $2x-3\cdot(-5)=21$

$\underline{x=3}$

3.03 **(1)**

$$\begin{aligned} I&: 3x + y = -5 \\ II&: 4x + 3y = 5 \end{aligned}$$

$$\begin{aligned} II&: 4x + 3y = 5 \\ I'&: y = -5 - 3x \end{aligned}$$

$$\begin{aligned} II&: 4x + 3(-5-3x) = 5 \\ &4x - 15 - 9x = 5 \\ &-5x = 20 \\ &x = -4 \end{aligned}$$

$$\begin{aligned} I'&: y = -5 - 3(-4) \\ &\underline{y = 7} \end{aligned}$$

$L = \{(-4/7)\}$

(2)

$$\begin{aligned} I&: 3x + y = -5 \quad |\cdot(-3) \\ II&: 4x + 3y = 5 \end{aligned}$$

$$\begin{aligned} I'&: -9x - 3y = 15 \\ II&: 4x + 3y = 5 \end{aligned}$$

$$\begin{aligned} -5x &= 20 \\ x &= -4 \end{aligned}$$

$$\begin{aligned} I&: 3(-4) + y = -5 \\ &\underline{y = 7} \end{aligned}$$

3.04

(1) $43x - 27y = 144$

$-29x + 38y = 219$

$$D = \begin{vmatrix} 43 & -27 \\ -29 & 38 \end{vmatrix} = 43 \cdot 38 - (-29)\cdot(-27) = 851 \neq 0 \Rightarrow \text{eindeutig lösbar.}$$

$$D_x = \begin{vmatrix} 144 & -27 \\ 219 & 38 \end{vmatrix} = 144 \cdot 38 - 219 \cdot (-27) = 11385$$

$$D_y = \begin{vmatrix} 43 & 144 \\ -29 & 219 \end{vmatrix} = 43 \cdot 219 - (-29) \cdot 144 = 13593$$

$$x = \frac{D_x}{D} = \frac{11385}{851} \approx 13{,}38, \quad y = \frac{D_y}{D} = \frac{13593}{851} \approx 15{,}97$$

$L = \{(13{,}38 / 15{,}97)\}$

(2) Speichere die *nicht gerundeten* Werte für x und y im TR und setze in die gegebenen Gleichungen ein.

3.05

$$\begin{aligned} 7ax - 4ay &= 5 \quad |\cdot 3 \\ 5ax + 3ay &= 9 \quad |\cdot 4 \end{aligned}$$

$$\begin{aligned} 21ax - 12ay &= 15 \\ 20ax + 12ay &= 36 \end{aligned}$$

$$\begin{aligned} 41ax &= 51 \\ x &= \frac{51}{41a} \end{aligned}$$

$$\begin{aligned} 7ax - 4ay &= 5 \quad |\cdot(-5) \\ 5ax + 3ay &= 9 \quad |\cdot 7 \end{aligned}$$

$$\begin{aligned} -35ax + 20ay &= -25 \\ 35ax + 21ay &= 63 \end{aligned}$$

$$\begin{aligned} 41ay &= 38 \\ y &= \frac{38}{41a} \end{aligned}$$

$$L = \left\{\left(\frac{51}{41a} \middle/ \frac{38}{41a}\right)\right\}$$

3.06

$$\begin{aligned} 3x - 5ay &= 6a \\ -5x + 2ay &= 8a \end{aligned} \qquad D = \begin{vmatrix} 3 & -5a \\ -5 & 2a \end{vmatrix} = 6a - 25a = -19a$$

$$D_x = \begin{vmatrix} 6a & -5a \\ 8a & 2a \end{vmatrix} = 12a^2 + 40a^2 = 52a^2 \qquad D_y = \begin{vmatrix} 3 & 6a \\ -5 & 8a \end{vmatrix} = 24a + 30a = 54a$$

$$x = \frac{D_x}{D} = \frac{52a^2}{-19a} = -\frac{52a}{19} \qquad y = \frac{D_y}{D} = \frac{54a}{-19a} = -\frac{54}{19} \qquad L = \left\{\left(-\frac{52a}{19} \Big/ -\frac{54}{19}\right)\right\}$$

3.07

$$\begin{aligned} \text{I: } & ax - 2y = 3 \quad |\cdot a \\ \text{II: } & -2x + ay = a \quad |\cdot 2 \end{aligned}$$

$$\begin{aligned} \text{I': } & a^2x - 2ay = 3a \\ \text{II': } & -4x + 2ay = 2a \end{aligned}$$

$$x \cdot (a^2 - 4) = 5a \quad |:(a^2 - 4) \neq 0$$

$$x = \frac{5a}{a^2 - 4}$$

$$\text{I: } \frac{5a^2}{a^2 - 4} - 2y = 3 \Rightarrow 2y = \frac{5a^2}{a^2 - 4} - 3 = \frac{5a^2 - 3a^2 + 12}{a^2 - 4} = \frac{2a^2 + 12}{a^2 - 4} \Rightarrow y = \frac{a^2 + 6}{a^2 - 4}$$

$$L = \left\{\left(\frac{5a}{a^2 - 4} \Big/ \frac{a^2 + 6}{a^2 - 4}\right); a \neq \pm 2\right\}$$

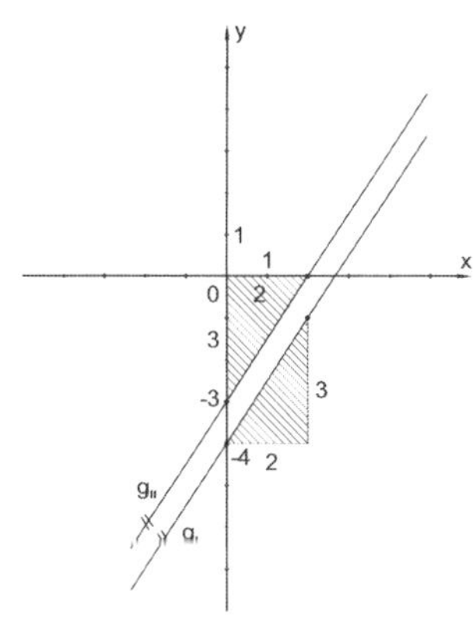

3.08 (1)

$$\begin{aligned} \text{I. } & 3x - 2y = 8 \\ \text{II. } & 6x - 4y = 12 \end{aligned}$$

$$\text{I. } 2y = 3x - 8 \;|:2 \qquad \text{II. } 4y = 6x - 12 \;|:4$$

$$y = \frac{3}{2}x - 4 \qquad y = \frac{3}{2}x - 3$$

$$k_I = \frac{3}{2}, \; d_I = -4 \qquad k_{II} = \frac{3}{2}, \; d_{II} = -3$$

Da $k_1 = k_2$ und $d_I \neq d_{II}$ ist, sind g_I und g_{II} (disjunkt) parallel. $\Rightarrow L = \{\ \}$.

(2) Die homogenen Gleichungen sind proportional, die inhomogenen jedoch nicht. Daher ist das Gleichungssystem unlösbar. ($g_I \parallel g_{II}$).

$$\begin{aligned} \text{I. } & 3x - 2y = 8 \;|\cdot(-2) \\ \text{II. } & 6x - 4y = 12 \end{aligned} \qquad \begin{aligned} \text{I'. } & -6x + 4y = -16 \\ \text{II. } & 6x - 4y = 12 \end{aligned}$$

$0 \cdot x + 0 \cdot y = -4$, Falsche Aussage für alle $x \in G = \mathbb{R} \times \mathbb{R}$.

$\Rightarrow L = \{\ \}$.

3.09 (1)

$$\begin{aligned} 5x - 10y &= 20 \\ x - 2y &= c_2 \end{aligned}$$

Die homogenen Gleichungen sind proportional: $\frac{a_1}{a_2} = \frac{b_1}{b_2} = \frac{5}{1}$. Daher ist das System *nicht eindeutig lösbar*.

Andere Möglichkeit: Bilde $D = \begin{vmatrix} 5 & -10 \\ 1 & -2 \end{vmatrix} = 10 - 10 = 0$. Wegen D = 0 ist das System *nicht eindeutig lösbar*.

(2) Das System ist *mehrdeutig lösbar*, wenn auch die inhomogenen Gleichungen proportional sind:

$$\frac{20}{c_2} = \frac{5}{1} \Rightarrow c_2 = 4$$

(3) Das System ist *unlösbar*, wenn die homogenen, nicht aber die inhomogenen Gleichungen proportional sind. Dies ist hier erfüllt für alle $c_2 \in \mathbb{R} \setminus \{4\}$.

3.10 (1) Das System ist mehrdeutig lösbar, wenn die inhomogenen Gleichungen proportional sind:

$$\frac{c_1}{c_2} = \frac{9}{18} = \frac{1}{2}.$$

$\frac{3}{a_2} = \frac{1}{2} \Rightarrow a_2 = 6$ $\frac{-5}{b_2} = \frac{1}{2} \Rightarrow b_2 = -10$ Damit: $6x - 10y = 18$.

(2) Das System ist unlösbar, wenn die homogenen, nicht aber die inhomogenen Gleichungen proportional sind.

$\frac{a_1}{a_2} = \frac{b_1}{b_2} \neq \frac{1}{2}$ z.B.: $\frac{a_1}{a_2} = \frac{b_1}{b_2} = \frac{1}{3} \Rightarrow a_2 = 3a_1 = 9;\ b_2 = 3b_1 = -15$ Damit: $9x - 15y = 18$

3.11 (1) Das System ist mehrdeutig lösbar, wenn die inhomogenen Gleichungen proportional sind:

$$\frac{a_1}{a_2} = \frac{-4}{1} = -4.$$

$\frac{12}{b_2} = -4 \Rightarrow b_2 = -3$ $\frac{28}{c_2} = -4 \Rightarrow c_2 = -7$

Damit: $x - 3y = -7$.

(2) Das System ist unlösbar, wenn die homogenen, nicht aber die inhomogenen Gleichungen proportional sind.

$\frac{12}{b_2} = -4 \Rightarrow b_2 = -3$ $\frac{28}{c_2} \neq -4 \Rightarrow c_2 \neq -7$

Für c_2 kann jede Zahl $\in \mathbb{R} \setminus \{-7\}$ gewählt werden, z. B.: $c_2 = 5$.

Damit: $x - 3y = 5$

3.12

	Z	E	Dekadischer Wert
Ursprüngliche Zahl	x	y	10x+y
Zahl mit vertauschten Ziffern	y	x	10y+x

Ansatzgleichungen:

$$\begin{aligned} x+y&=14\\ 10y+x+50&=2(10x+y)\end{aligned} \Leftrightarrow \begin{aligned} x+y&=14\\ 10y+x+50&=20x+2y\end{aligned} \Leftrightarrow \begin{aligned} x+y&=14 \quad |\cdot 19\\ -19x+8y&=-50\end{aligned}$$

$$\begin{aligned} 19x+19y&=266\\ -19x+8y&=-50\end{aligned} \Rightarrow \begin{aligned} 27y&=216\\ y&=8\end{aligned}$$

Aus der 1. Gleichung folgt: $x=14-y=6$

Antwort: Die ursprüngliche Zahl ist 68.

Prüfung: $2\cdot 68=136$; $136-86=50$.

3.13

	Z	E	Dekadischer Wert
Gesuchte Zahl	y	x	10y+x
Zahl mit vertauschten Ziffern	x	y	10x+y

Ansatzgleichungen:

$$\begin{aligned} \frac{10y+x}{y+x}&=8 \quad |\cdot(y+x)\\ 10y+x-45&=10x+y\end{aligned} \Leftrightarrow \begin{aligned} 10y+x&=8y+8x\\ 10y+x-45&=10x+y\end{aligned} \Leftrightarrow \begin{aligned} 7x-2y&=0\\ 9x-9y&=-45 \,|:(-4{,}5)\end{aligned}$$

$$\begin{aligned} 7x-2y&=0\\ -2x+2y&=10\end{aligned} \Rightarrow \begin{aligned} 5x&=10\\ x&=2\end{aligned}$$

Aus der 1. Gleichung folgt: $2y=7x=14$, $y=7$

Antwort: Die gesuchte Zahl ist 72.

Prüfung: $\frac{72}{9}=8, 72-45=27$.

3.14 Seiten des gesuchten Rechtecks: x, y.

Seiten des veränderten Rechtecks: x + 2, y – 4.

Ansatzgleichungen:

$$\begin{aligned} x^2+y^2&=(x+2)^2+(y-4)^2\\ x\cdot y&=(x+2)(y-4)+24\end{aligned} \Leftrightarrow \begin{aligned} x^2+y^2&=x^2+4x+4+y^2-8y+16\\ xy&=xy+2y-4x-8+24\end{aligned} \Leftrightarrow \begin{aligned} 4x-8y&=-20\\ -4x+2y&=-16\end{aligned}$$

$$\begin{aligned} -6y&=-36\\ y&=6\end{aligned}$$

Aus der 1. Gleichung folgt: $4x=8y-20=28$, $x=7$

Antwort: Die Seiten des gesuchten Rechtecks sind 6 cm und 7 cm lang.

Prüfung: $7^2+6^2=49+36=85,\ 9^2+2^2=81+4=85$

$7\cdot 6=42,\ 9\cdot 2=18;\ \ 18=42-24$

3.15 Seiten des gesuchten Rechtecks: x, y.

Seiten des veränderten Rechtecks: x – 35, y + 24.

Ansatzgleichungen:

$$\begin{array}{l} x:y=5:3 \\ x\cdot y=(x-35)(y+24) \\ \hline \end{array} \quad\Leftrightarrow\quad \begin{array}{l} 3x=5y \\ xy=xy-35y+24x-840 \\ \hline \end{array} \quad\Leftrightarrow\quad \begin{array}{r} 3x-5y=0 \;\big|\cdot(-7) \\ 24x-35y=840 \\ \hline \end{array}$$

$$\begin{array}{r} -21x+35y=0 \\ 24x-35y=840 \\ \hline \end{array} \quad\Rightarrow\quad \begin{array}{r} 3x=840 \\ x=280 \\ \hline \end{array} \quad \text{Aus der 1. Gleichung folgt:} \quad \begin{array}{l} 5y=3x=840 \\ y=168 \\ \hline \end{array}$$

Antwort: Die Seitenlängen des ursprünglichen Rechtecks sind 280 cm und 168 cm.

Prüfung: $\frac{280}{168}=\frac{5}{3}$, $280\cdot 168=47040$ und $245\cdot 192=47040$

3.16 x und y seien die beiden Kapitalien.

Ansatzgleichungen:

$$\begin{array}{l} x\cdot\frac{6}{100}+y\cdot\frac{4}{100}=52\;\big|\cdot 100 \\ x\cdot\frac{5}{100}+y\cdot\frac{5}{100}=55\;\big|\cdot 100 \\ \hline \end{array} \quad\Leftrightarrow\quad \begin{array}{l} 6x+4y=5200\;\big|\cdot 5 \\ 5x+5y=5500\;\big|\cdot(-4) \\ \hline \end{array} \quad\Leftrightarrow\quad \begin{array}{r} 30x+20y=26000 \\ -20x-20y=-22000 \\ \hline \end{array}$$

$$\begin{array}{r} 10x=4000 \\ x=400 \\ \hline \end{array} \quad \text{Aus der 1. Gleichung folgt:} \quad \begin{array}{l} 4y=5200-2400=2800 \\ y=700 \\ \hline \end{array}$$

Antwort: Die beiden Kapitalien sind 400€ und 700€.

Prüfung: $400\cdot 0{,}06+700\cdot 0{,}04=52$, $\quad 400\cdot 0{,}05+700\cdot 0{,}05=55$

3.17 x und y seien die gesuchten Füllzeiten.

Dann wird in 1 Stunde $\frac{1}{x}$ bzw. $\frac{1}{y}$ des Pools gefüllt.

Ansatzgleichungen:

$$\begin{array}{l} \frac{2}{x}+\frac{2}{y}=\frac{7}{12} \\ \frac{3}{x}+\frac{4}{y}=1 \\ \hline \end{array} \quad \text{Setze: } \frac{1}{x}=u\,,\ \frac{1}{y}=v \ \text{(Substitution).}$$

$$\begin{array}{l} 2u+2v=\frac{7}{12}\;\big|\cdot 12 \\ 3u+4v=1 \\ \hline \end{array} \quad\Leftrightarrow\quad \begin{array}{r} 24u+24v=7 \\ 3u+4v=1\;\big|\cdot(-6) \\ \hline \end{array} \quad\Leftrightarrow\quad \begin{array}{r} 24u+24v=7 \\ -18u-24v=-6 \\ \hline \end{array}$$

$$\begin{array}{r} 6u=1 \\ u=\frac{1}{6} \\ \hline \end{array} \quad \text{Aus der 2. Gleichung folgt:} \quad \begin{array}{l} 4v=1-3u=1-3\cdot\frac{1}{6}=\frac{1}{2} \\ v=\frac{1}{8} \\ \hline \end{array}$$

Antwort: Die 1. Zuleitung würde 6 Stunden, die 2. Zuleitung würde 8 Stunden brauchen.

3.18

	Masse (g)	Feingehalt	Masse reinen Silbers	Masse (g)	Masse reinen Silbers
1.Sorte	500	x	500x	400	400x
2.Sorte	400	y	400y	500	500y
Legierung	900	0,800	$900\cdot 0{,}800$	900	$900\cdot 0{,}820$

Ansatzgleichungen:

Masse reinen Silbers der einzelnen Silbersorten = Masse reinen Silbers der Legierung

$$500x+400y=900\cdot 0{,}800 \quad |:100$$
$$400x+500y=900\cdot 0{,}820 \quad |:100$$

$$\begin{aligned}5x+4y&=7{,}2 \quad |\cdot 5\\ 4x+5y&=7{,}38 \quad |\cdot(-4)\end{aligned} \quad\Leftrightarrow\quad \begin{aligned}25x+20y&=36\\ -16x-20y&=-29{,}52\end{aligned} \quad\Rightarrow\quad \begin{aligned}9x&=6{,}48\\ x&=0{,}720\end{aligned} \qquad \begin{aligned}5\cdot 0{,}720+4y&=7{,}2\\ 4y&=3{,}6\\ y&=0{,}900\end{aligned}$$

Antwort: Der Feingehalt der 1. Sorte beträgt 0,720.
Der Feingehalt der 2. Sorte beträgt 0,900.

3.19 u ... mittlere Geschwindigkeit des Eilzuges
v ... mittlere Geschwindigkeit des Personenzuges

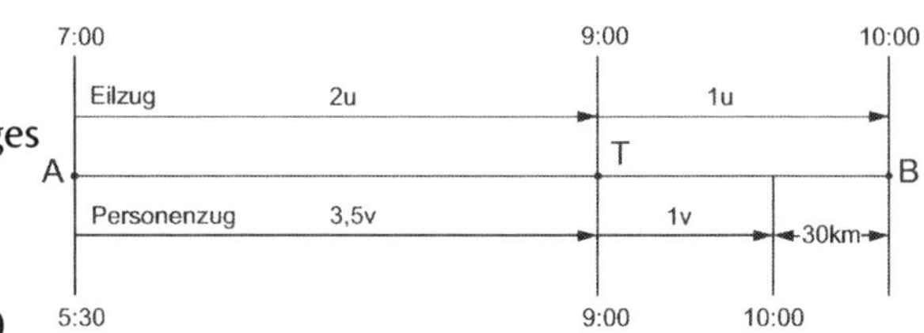

(1) Ansatzgleichungen:

Bis T: gleiche Wege: $2u=3{,}5v$

Bis B: Wegdifferenz = 30km: $3u-4{,}5v=30$

$$\begin{aligned}2u-3{,}5v&=0 \quad |\cdot(-3)\\ 3u-4{,}5v&=30 \quad |\cdot 2\end{aligned} \qquad \begin{aligned}-6u+10{,}5v&=0\\ 6u\quad -9v&=60\end{aligned} \qquad \begin{aligned}1{,}5v&=60\\ v&=40\end{aligned} \qquad \begin{aligned}2u&=3{,}5v=3{,}5\cdot 40=140\\ u&=70\end{aligned}$$

Antwort: Die mittleren Geschwindigkeiten sind 40 km/h und 70 km/h.

(2) $t=\frac{30}{40}=0{,}75\text{h}=45\text{min}$, Ankunft in B: 10:45Uhr.

(3) $s=u\cdot t=70\text{km/h}\cdot 3\text{h}=210\text{km}$.

3.20 x und y seien die Seiten des Rechtecks.

Ansatzgleichungen:

$$\begin{aligned}x-y&=a \quad |\cdot 2\\ 2x+2y&=12a\end{aligned} \qquad \begin{aligned}2x-2y&=2a\\ 2x+2y&=12a\end{aligned} \qquad \begin{aligned}4x&=14a\\ x&=\frac{7}{2}a\end{aligned} \qquad y=x-a=\frac{7}{2}a-a\Rightarrow y=\frac{5}{2}a$$

Antwort: Die Seitenlängen sind $\frac{7}{2}a$ und $\frac{5}{2}a$.
Die Aufgabe ist eindeutig lösbar für $a>0$.

3.21 x und y seien die Wassermengen in kg.

Ansatzgleichungen:

$$x + y = 120 \quad |\cdot(-15) \qquad -15x - 15y = -1800$$
$$15x + 60y = 120a \qquad 15x + 60y = 120a$$

$$45y = 120a - 1800 \qquad x = 120 - \frac{8a}{3} + 40$$
$$y = \frac{120a}{45} - 40 \qquad x = -\frac{8a}{3} + 160$$
$$y = \frac{8a}{3} - 40$$

Eindeutig lösbar für x > 0 und y > 0.

$$-\frac{8a}{3} + 160 > 0$$
$$-8a > -480 \quad |:(-8)$$
$$a < 60$$

$$\frac{8a}{3} - 40 > 0$$
$$8a > 120 \quad |:8$$
$$a > 15$$

Antwort: Die Aufgabe ist für $15 < a < 60$ eindeutig lösbar.

Lineare Gleichungssysteme mit drei Variablen, Textaufgaben

3.22

$$\begin{aligned} 3x - y + 4z &= 12 \quad |\cdot 5 \quad |\cdot(-2) \\ 5x + y - 8z &= 24 \quad |\cdot(-3) \\ 6x + 2y - 11z &= 27 \quad |\cdot 1 \end{aligned}
\qquad
\begin{aligned} 3x - y + 4z &= 12 \\ -8y + 44z &= -12 \quad |\cdot 1 \\ 4y - 19z &= 3 \quad |\cdot 2 \end{aligned}$$

$$\begin{aligned} 3x - y + 4z &= 12 \\ -8y + 44z &= -12 \\ 6z &= -6 \end{aligned}$$ Gleichungssystem in Diagonalform

$$z = -1$$
$$8y = 44z + 12 = -44 + 12 = -32 \Rightarrow y = -4 \qquad L = \{(4/-4/-1)\}$$
$$3x = 12 + y - 4z = 12 - 4 + 4 = 12 \Rightarrow x = 4$$

Kontrolle:

1. Gleichung: L.S.: $3 \cdot 4 - (-4) + 4 \cdot (-1) = 12 + 4 - 4 = 12$ L.S. = R.S.
2. Gleichung: L.S.: $5 \cdot 4 + (-4) - 8 \cdot (-1) = 20 - 4 + 8 = 24$ L.S. = R.S.
3. Gleichung: L.S.: $6 \cdot 4 + 2 \cdot (-4) - 11 \cdot (-1) = 24 - 8 + 11 = 27$ L.S. = R.S.

3.23 Eliminiere aus je zwei Gleichungen die Variable y.

$$\begin{array}{l|l|l} 5x+3y-7z=3 & \cdot 1 & \\ 5x-y-z=9 & \cdot 3 & \cdot 1 \\ 7x+y-5z=9 & & \cdot 1 \end{array} \qquad \begin{array}{l|l} 20x-10z=30 & :10 \\ 12x-6z=18 & :6 \end{array} \qquad \begin{array}{l} 2x-z=3 \\ 2x-z=3 \end{array} \qquad \text{Setze } z=t$$

$$2x=3+t \Rightarrow x=\tfrac{3}{2}+\tfrac{1}{2}\cdot t$$

$$y=9-7x+5t=9-7\cdot\left(\tfrac{3}{2}+\tfrac{1}{2}\cdot t\right)+5t=-\tfrac{3}{2}+\tfrac{3}{2}\cdot t$$

$$L=\left\{(x/y/z)\middle|\left(x=\tfrac{3}{2}+\tfrac{1}{2}\cdot t\right)\wedge\left(y=-\tfrac{3}{2}+\tfrac{3}{2}\cdot t\right)\wedge(z=t)\right\},\ t\in\mathbb{R}$$

Jede der gegebenen Gleichungen stellt eine Ebene dar.

Diese schneiden einander längs einer Geraden.

Aus der Lösungsmenge lässt sich die Gleichung der Schnittgeraden ablesen:

$$g:\begin{cases} x=\tfrac{3}{2}+\tfrac{1}{2}\cdot t \\ y=-\tfrac{3}{2}+\tfrac{3}{2}\cdot t \\ z=0+1\cdot t \end{cases} \qquad g:\ X=\begin{pmatrix}\tfrac{3}{2}\\ -\tfrac{3}{2}\\ 0\end{pmatrix}+t\cdot\begin{pmatrix}\tfrac{1}{2}\\ \tfrac{3}{2}\\ 1\end{pmatrix} \qquad \text{oder } g:\ X=\begin{pmatrix}\tfrac{3}{2}\\ -\tfrac{3}{2}\\ 0\end{pmatrix}+t\cdot\begin{pmatrix}1\\ 3\\ 2\end{pmatrix}$$

3.24 Ein Gleichungssystem ist genau dann eindeutig lösbar, wenn die Systemdeterminante *verschieden* von Null ist.

Der Wert einer dreizeiligen Determinante kann mit der Regel von SARRUS ermittelt werden:

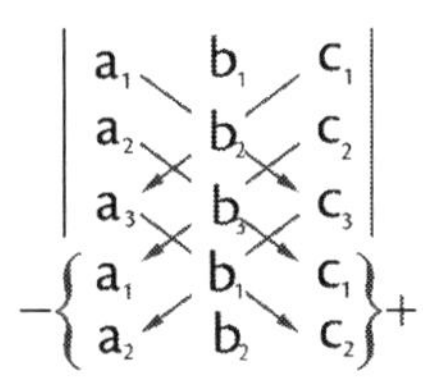

$$= a_1b_2c_3 + a_2b_3c_1 + a_3b_1c_2 - c_1b_2a_3 - c_2b_3a_1 - c_3b_1a_2$$

(a) $A=\begin{vmatrix}4 & 1 & -9\\ -4 & -3 & 8\\ -5 & -5 & 9\end{vmatrix}=-108-180-40+135+160+36=3\neq 0 \Rightarrow$ eindeutig lösbar.

(b) $A=\begin{vmatrix}3 & -2 & 4\\ -4 & 2 & 2\\ -3 & 1 & 7\end{vmatrix}=42-16+12+24-6-56=0 \Rightarrow$ nicht eindeutig lösbar.

(c) $A=\begin{vmatrix}-7 & -2 & 5\\ -2 & -7 & 2\\ 8 & 6 & -5\end{vmatrix}=-245-60-32+280+84+20=47\neq 0 \Rightarrow$ eindeutig lösbar.

(d) $A=\begin{vmatrix}5 & -2 & 2\\ -1 & 2 & 4\\ -3 & 2 & 1\end{vmatrix}=10-4+24+12-40-2=0 \Rightarrow$ nicht eindeutig lösbar.

3.25

	H	Z	E	Dekadischer Wert
Gesuchte Zahl	x	y	z	100x + 10y + z
Geänderte Zahl	x	z	y	100x + 10z + y

Ansatzgleichungen:

$$\begin{array}{c} x+y+z=19 \\ z=3x \\ 100x+10z+y-18=100x+10y+z \end{array}$$

Fortsetzung von 2.25

$$\begin{aligned} x+y+z&=19 \quad |\cdot(-3)\\ 3x\quad -z&=0 \quad |\cdot 1\\ 9y-9z&=-18 \end{aligned} \qquad \begin{aligned} -3y-4z&=-57 \quad |\cdot 3\\ 9y-9z&=-18 \quad |\cdot 1 \end{aligned} \qquad \begin{aligned} -21z&=-189\\ z&=9 \end{aligned}$$

$x=\frac{z}{3}=3$; $y=19-x-z=19-3-9=7$

Antwort: 379 ist die gesuchte Zahl.

Prüfung: $3+7+9=19$

$9=3\cdot 3$

$397-18=379$

3.26

	H	Z	E	Dekadischer Wert
Gesuchte Zahl	x	y	z	100x + 10y + z
Geänderte Zahl	y	z	x	100y + 10z + x

Ansatzgleichungen:

$$\begin{aligned} x+y+z&=16\\ 100x+10y+z+198&=100z+10y+x\\ 100x+10y+z-342&=100y+10z+x \end{aligned} \qquad \begin{aligned} x+\quad y+\quad z&=16 \quad |\cdot 90\\ 99x\quad -99z&=-198\\ 99x-90y-\ 9z&=342 \quad |\cdot 1 \end{aligned} \qquad \begin{aligned} 189x+81z&=1782 \quad |\cdot 11\\ 99x-99z&=-198 \quad |\cdot 9 \end{aligned}$$

$$\begin{aligned} 2970x&=17820\\ x&=6 \end{aligned} \qquad \begin{aligned} 99z&=99x+198=792 \Rightarrow z=8\\ y&=16-x-z=16-6-8=2 \end{aligned}$$

Antwort: 628 ist die gesuchte Zahl.

Prüfung: $6+2+8=16$, $826=628+198$, $286=628-342$

3.27 Variable wählen: x, y, z ... Kapitalien;t = 1 Jahr

Ansatzgleichungen:

$$\begin{aligned} x+y+z&=50000\\ \frac{x\cdot 5{,}25}{100}+\frac{y\cdot 5}{100}+\frac{z\cdot 4{,}25}{100}&=2449 \quad |\cdot 100\\ \frac{x\cdot 4{,}5}{100}+\frac{y\cdot 5}{100}+\frac{z\cdot 5{,}5}{100}&=2449+27=2476 \quad |\cdot 100 \end{aligned}$$

$$\begin{aligned} x+y+z&=50000 \quad |\cdot(-5{,}25) \quad |\cdot(-4{,}5)\\ 5{,}25x+5y+4{,}25z&=244900 \quad |\cdot 1\\ 4{,}5x+5y+5{,}5z&=247600 \quad |\cdot 1 \end{aligned}$$

$$\begin{aligned} x+\quad y+z&=50000\\ -0{,}25y-z&=-17600 \quad |\cdot 2\\ 0{,}5y+z&=22600 \quad |\cdot 1 \end{aligned} \qquad \begin{aligned} x+\quad y+z&=50000\\ -0{,}25y-z&=-17600\\ -z&=-12600 \end{aligned}$$

$z=12600$

$0{,}25y=17600-z=5000 \Rightarrow y=20000$

$x=50000-z-y=17400$

Antwort: Die drei Kapitalien betragen 17400 €, 20000 € und 12600 €.

Prüfung: 17400 € + 20000 € + 12600 € = 50000 €.

3.28 **(a)** Variable wählen: x, y, z ... Füllzeiten der 3 Röhren.

Ansatzgleichungen:

$$\begin{aligned}\frac{30}{x}+\frac{30}{y}+\frac{30}{z}&=1\\ \frac{45}{x}\qquad+\frac{45}{z}&=1\\ \frac{60}{y}+\frac{60}{z}&=1\end{aligned}$$

Setze: $\frac{1}{x}=u,\ \frac{1}{y}=v,\ \frac{1}{z}=w$ (Substitution)

$$\begin{aligned}30u+30v+30w&=1\quad|\cdot 2\\ 45u\qquad+45w&=1\\ 60v+60w&=1\quad|\cdot(-1)\end{aligned}$$

$$60u=1\Rightarrow u=\frac{1}{60}\Rightarrow x=60$$
$$45w=1-45u=1-\frac{45}{60}=\frac{15}{60}=\frac{1}{4}\Rightarrow w=\frac{1}{180}\Rightarrow z=180$$
$$60v=1-60w=1-\frac{60}{180}=\frac{120}{180}=\frac{2}{3}\Rightarrow v=\frac{1}{90}\Rightarrow y=90$$

Antwort: Die einzelnen Füllzeiten betragen 60, 90 und 180 Minuten.

Prüfung: $\frac{1}{60}+\frac{1}{90}+\frac{1}{180}=\frac{3+2+1}{180}=\frac{6}{180}=\frac{1}{30}$.

(b) In t Minuten soll der Behälter voll sein, daher gilt: $\left(\frac{1}{60}+\frac{1}{90}\right)\cdot t=1\Leftrightarrow\frac{5}{180}\cdot t=1\Rightarrow t=36$

Antwort: Die 1. und 2. Röhre zusammen benötigen 36 Minuten.

4 Gleichungen höheren Grades

4.01 **(1)** $3\cdot\left(\frac{2}{3}\right)^3-26\cdot\left(\frac{2}{3}\right)^2+91\cdot\left(\frac{2}{3}\right)-50=$

$$=3\cdot\frac{8}{27}-26\cdot\frac{4}{9}+91\cdot\frac{2}{3}-50=\frac{8-26\cdot 4+91\cdot 3\cdot 2-50\cdot 9}{9}=\frac{0}{9}=0$$

(2) $(3x^3-26x^2+91x-50):\left(x-\frac{2}{3}\right)=3x^2-24x+75$

$$\begin{aligned}&\underline{\pm 3x^3\mp 2x^2}\\ &\quad -24x^2+91x\\ &\quad \underline{\mp 24x^2\pm 16x}\\ &\qquad +75x-50\\ &\qquad \underline{\pm 75x\mp 50}\\ &\qquad\quad 0\ \text{Rest}\end{aligned}$$

$$3x^2-24x+75=0\,|:3$$
$$x^2-8x+25=0$$
$$x_{2,3}=4\pm\sqrt{16-25}=4\pm\sqrt{9i^2}=4\pm 3i$$
$$x_2=4+3i;x_3=4-3i$$

(3) Probe:

$$L.S.: 3\cdot(4+3i)^3-26\cdot(4+3i)^2+91\cdot(4+3i)-50=$$
$$=3\cdot(64+144i+108i^2+27i^3)-26\cdot(16+24i+9i^2)+364+273i-50=$$
$$=192+432i-324-81i-416-624i+234+364+273i-50=\underbrace{0+0\cdot i}_{0=R.S.}$$

$$L=\left\{\frac{2}{3};4+3i;4-3i\right\}$$

4.02 (1) $(x^4 - 5x^3 - 2x^2 + 46x - 60) : (x - 2) = x^3 - 3x^2 - 8x + 30$

$$\begin{array}{l}
\underline{\pm x^4 \mp 2x^3} \\
\quad -3x^3 - 2x^2 \\
\quad \underline{\mp 3x^3 \pm 6x^2} \\
\qquad -8x^2 + 46x \\
\qquad \underline{\mp 8x^2 \pm 16x} \\
\qquad\quad +30x - 60 \\
\qquad\quad \underline{\pm 30x \mp 60} \\
\qquad\quad 0 \text{ Rest}
\end{array}$$

$(x^3 - 3x^2 - 8x + 30) : (x + 3) = x^2 - 6x + 10$

$$\begin{array}{l}
\underline{-x^3 \pm 3x^2} \\
\quad -6x^2 - 8x \\
\quad \underline{\mp 6x^2 \mp 18x} \\
\qquad +10x + 30 \\
\qquad \underline{\pm 10x \pm 30} \\
\qquad 0 \text{ Rest}
\end{array}$$

(2) $x^2 - 6x + 10 = 0$

$x_{3,4} = 3 \pm \sqrt{9 - 10} = 4 \pm \sqrt{-1} = 3 \pm \sqrt{i^2} = 3 \pm i$

$x_3 = 3 + i; x_3 = 3 - i$

$L = \{-3; 2; 3 + i; 3 - i\}$

4.03 (1) Teiler des absoluten Gliedes: $\pm 1, \pm 3, \pm 5, \pm 15, \pm 25, \pm 75$.

Für $x = 1$ gilt: $1 - 3 + 25 - 75 = -52 \neq 0$

Für $x = -1$ gilt: $-1 - 3 - 25 - 75 = -104 \neq 0$

Für $x = 3$ gilt: $27 - 27 + 75 - 75 = 0 \Rightarrow x_1 = 3$ ist Lösung.

(2) $(x^3 - 3x^2 + 25x - 75) : (x - 3) = x^2 + 25$

$$\begin{array}{l}
\underline{\pm x^3 \mp 3x^2} \\
\quad 0 \quad +25x - 75 \\
\qquad \underline{\pm 25x \mp 75} \\
\qquad\quad 0 \text{ Rest}
\end{array}$$

(3) $x^2 + 25 = 0$

$x = \sqrt{-25} = \sqrt{25i^2}$

$x_{2,3} = \pm 5i$

(4) Probe für $x = 5i$: L.S.: $125i^3 - 75i^2 + 125i - 75 =$
$= -125i + 75 + 125i - 75 = 0 = $ R.S.

Probe für $x = -5i$: L.S.: $-125i^3 - 75i^2 - 125i - 75 =$
$= 125i + 75 - 125i - 75 = 0 = $ R.S.

$L = \{3; \pm 5i\}$

4.04 (a) Setze $x^2 = u$ ... Substitutionsgleichung.

$4u^2 - 5u + 1 = 0$ ... quadratische Gleichung mit der "Hilfsvariablen" u

$$u_{1,2} = \frac{5 \pm \sqrt{25-16} \ \} = 3}{8}$$

$$u_1 = 1,\ u_2 = \frac{1}{4}$$

$$x^2 = 1 \Rightarrow x_{1,2} = \pm 1 \qquad x^2 = \frac{1}{4} \Rightarrow x_{3,4} = \pm\frac{1}{2} \qquad L = \left\{-1; -\frac{1}{2}; \frac{1}{2}; 1\right\}$$

(b) $x^3 - 3x^2 - 40x = 0$

$$x(x^2 - 3x - 40) = 0$$

$$(x = 0) \vee (x^2 - 3x - 40 = 0)$$

$$x_1 = 0; x_{2,3} = \frac{3}{2} \pm \sqrt{\frac{9}{4} + 40} \ \Big\} \frac{13}{2}$$

$$x_1 = 0; x_2 = \frac{16}{2} = 8; x_3 = -\frac{10}{2} = -5 \qquad L = \{-5; 0; 8\}$$

4.05 (a) $4x^3 + 13x^2 - 13x - 4 = 0$

$$4x^3 - 4 + 13x^2 - 13x = 0$$

$$4(x^3 - 1) + 13x(x - 1) = 0$$

$$(x-1)\left[4(x^2 + x + 1) + 13x\right] = 0$$

$$(x-1)(4x^2 + 17x + 4) = 0$$

$$(x-1) = 0 \vee (4x^2 + 17x + 4) = 0$$

$$x_1 = -1; x_{2,3} = \frac{-17 \pm \sqrt{289 - 64} \ \} 15}{8}$$

$$x_1 = -1; x_2 = -\frac{2}{8} = -\frac{1}{4}; x_3 = -\frac{32}{8} = -4 \qquad L = \left\{-1; -4; -\frac{1}{4}\right\}$$

(b) $6x^4 + 5x^3 - 38x^2 + 5x + 6 = 0 \ \Big| : x^2 \neq 0$

$$6x^2 + 5x - 38 + \frac{5}{x} + \frac{6}{x^2} = 0$$

$$6 \cdot \left(x^2 + \frac{1}{x^2}\right) + 5 \cdot \left(x + \frac{1}{x}\right) - 38 = 0$$

$$6 \cdot \left(u^2 - 2\right) + 5u - 38 = 0$$

$$6u^2 + 5u - 50 = 0$$

$$u_{1,2} = \frac{-5 \pm \sqrt{25 + 1200} \ \} = 35}{12}$$

$$u_1 = \frac{5}{2}; u_2 = -\frac{10}{3}$$

Substitutionen:

(1) $x + \frac{1}{x} = u$

$x^2 + 2 + \frac{1}{x^2} = u^2$

(2) $x^2 + \frac{1}{x^2} = u^2 - 2$

$$x + \frac{1}{x} = \frac{5}{2} \ \Big| \cdot 2x$$

$$2x^2 + 2 = 5x$$

$$2x^2 - 5x + 2 = 0$$

$$x_{1,2} = \frac{5 \pm \sqrt{25 - 16} \ \} = 3}{4} \Rightarrow x_1 = 2;\ x_2 = \frac{1}{2}$$

$$x + \frac{1}{x} = -\frac{10}{3} \ \Big| \cdot 3x$$

$$3x^2 + 3 = -10x$$

$$3x^2 + 10x + 3 = 0$$

$$x_{3,4} = \frac{-10 \pm \sqrt{100 - 36} \ \} = 8}{6} \Rightarrow x_3 = -\frac{1}{3};\ x_4 = -3$$

$$L = \left\{-3; -\frac{1}{3}; \frac{1}{2}; 2\right\}$$

4.06 **(a)** $(x-x_1)\cdot(x-x_2)\cdot(x-x_3)=0$

$$(x-3)\cdot\left(x^2-10x+25+4\right)=0$$
$$(x-3)\cdot\left[x-(5+2i)\right]\cdot\left[x-(5-2i)\right]=0$$
$$(x-3)\cdot\left[(x-5)-2i\right]\cdot\left[(x-5)+2i\right]=0$$
$$(x-3)\cdot\left[(x-5)^2+2^2\right]=0$$

$$(x-3)\cdot(x^2-10x+29)=0$$
$$x^3-3x^2-10x^2+30x+29x-87=0$$
$$x^3-13x^2+59x-87=0$$

(b) Löse zunächst die Gleichung $x^3+3x^2-6x-8=0$

Für x = −1 gilt: $-1+3+6-8=0 \Rightarrow x_1=-1$ ist Lösung.

$$\left(x^3+3x^2-6x-8\right):(x+1)=x^2+2x-8$$
$$\underline{\pm x^3 \pm x^2}$$
$$+2x^2-6x$$
$$\underline{\pm 2x^2 \pm 2x}$$
$$-8x-8$$
$$\underline{\mp 8x \mp 8}$$
$$0 \text{ Rest}$$

$$x^2+2x-8=0$$
$$x_{2,3}=-1\pm\sqrt{1+8} \quad \}3$$
$$x_2=2$$
$$x_3=-4$$

$x^3+3x^2-6x-8=(x-x_1)\cdot(x-x_2)\cdot(x-x_3)$ also $x^3+3x^2-6x-8=(x+1)\cdot(x-2)\cdot(x+4)$

4.07 **(1)** $(x^4-5x^3-2x^2+46x-60):(x-2)=x^3-3x^2-8x+30$

$$\underline{\pm x^4 \mp 2x^3}$$
$$-3x^3-2x^2$$
$$\underline{\mp 3x^3 \pm 6x^2}$$
$$-8x^2+46x$$
$$\underline{\mp 8x^2 \pm 16x}$$
$$+30x-60$$
$$\underline{\pm 30x \mp 60}$$
$$0 \text{ Rest}$$

$$(x^3-3x^2-8x+30):(x+3)=x^2-6x+10$$
$$\underline{-x^3 \pm 3x^2}$$
$$-6x^2-8x$$
$$\underline{\mp 6x^2 \mp 18x}$$
$$+10x+30$$
$$\underline{\pm 10x \pm 30}$$
$$0 \text{ Rest}$$

(2) $x^2-6x+10=0$

$$x_{3,4}=3\pm\sqrt{9-10}=4\pm\sqrt{-1}=3\pm\sqrt{i^2}=3\pm i \qquad L=\{-3;2;3+i;3-i\}$$
$$x_3=3+i;x_4=3-i$$

4.08 **(1)** Teiler des absoluten Gliedes:

$\pm1,\ \pm2,\ \pm3,\ \pm4,\ \pm6,\ \pm8,\ \pm9,\ \pm12,\ \pm18,\ \pm24,\ \pm36,\ \pm72$.

Für x = 1 gilt: $1-2+1-18-72=-90\neq0$

Für x = −1 gilt: $1+2+1+18-72=-50\neq0$

Für x = 2 gilt: $16-16+4-36-72=-104\neq0$

Für x = −2 gilt: $16+16+4+36-72=0\Rightarrow x_1=-2$ ist Lösung.

Für x = 3 gilt: $81-54+9-54-72=-90\neq0$

Für x = −3 gilt: $81+54+9+54-72=126\neq0$

Für x = 4 gilt: $256-128+16-72-72=0\Rightarrow x_2=4$ ist Lösung.

(2) $(x-x_1)\cdot(x-x_2)=(x+2)\cdot(x-4)=x^2-2x-8$

$(x^4-2x^3+x^2-18x-72):(x^2-2x-8)=x^2+9$

$\underline{\pm x^4\mp2x^3\mp8x^2}$

$0\quad+9x^2-18x-72$

$\underline{\pm9x^2\mp18x\mp72}$

0 Rest

(3) $x^2+9=0$

$x=\sqrt{-9}=\sqrt{9i^2}$

$x_{2,3}=\pm3i$

(4) Probe für x = 3i: L.S.: $81i^4-54i^3+9i^2-54i-72=81+54i-9-54i-72=0=$ R.S.

Probe für x = −3i: L.S.: $81i^4+54i^3+9i^2+54i-72=81-54i-9+54i-72=0=$ R.S.

$L=\{-2;4;\pm3i\}$

4.09 $6x^4+5x^3-38x^2+5x+6=0\ \Big|:x^2\neq0$

$$6x^2+5x-38+\frac{5}{x}+\frac{6}{x^2}=0$$

$$6\cdot\left(x^2+\frac{1}{x^2}\right)+5\cdot\left(x+\frac{1}{x}\right)-38=0$$

$$6\cdot\left(u^2-2\right)+5u-38=0$$

$$6u^2+5u-50=0$$

$$u_{1,2}=\frac{-5\pm\sqrt{25+1200}\ \}=35}{12}$$

$$u_1=\frac{5}{2};\ u_2=-\frac{10}{3}$$

$$x+\frac{1}{x}=\frac{5}{2}\ \Big|\cdot2x$$

$$2x^2+2=5x$$

$$2x^2-5x+2=0$$

$$x_{1,2}=\frac{5\pm\sqrt{25-16}\ \}=3}{4}$$

$$x_1=2;\ x_2=\frac{1}{2}$$

$$x+\frac{1}{x}=-\frac{10}{3}\ \Big|\cdot3x$$

$$3x^2+3=-10x$$

$$3x^2+10x+3=0$$

$$x_{3,4}=\frac{-10\pm\sqrt{100-36}\ \}=8}{6}$$

$$x_3=-\frac{1}{3};\ x_4=-3$$

$$L=\left\{-3;-\frac{1}{3};\frac{1}{2};2\right\}$$

4.10 $4x^4-17x^3+8x^2-17x+4=0 \;\Big|\; :x^2\neq 0$

$$4x^2-17x+8-\frac{17}{x}+\frac{4}{x^2}=0$$

$$4\cdot\left(x^2+\frac{1}{x^2}\right)-17\cdot\left(x+\frac{1}{x}\right)+8=0$$

$$4\cdot\left(u^2-2\right)-17u+8=0$$

$$4u^2-17u=0$$

$$u\cdot(4u-17)=0$$

$$u_1=0;\; u_2=\frac{17}{4}$$

$$x+\frac{1}{x}=0\;\Big|\;\cdot x$$

$$x^2+1=0$$

$$x^2=-1$$

$$x_{1,2}=\pm i$$

$$x+\frac{1}{x}=\frac{17}{4}\;\Big|\;\cdot 4x$$

$$4x^2+4=17x$$

$$4x^2-17x+4=0$$

$$x_{3,4}=\frac{17\pm\sqrt{289-64}\;\}=15}{8}$$

$$x_3=4;\; x_4=\frac{1}{4}$$

$$L=\left\{\frac{1}{4};4;-i;+i\right\}$$

4.11 (a) $x^3-3x^2-54x=0$

$$x(x^2-3x-54)=0$$

$$(x=0)\vee(x^2-3x-54=0)$$

$$x_1=0;x_{2,3}=\frac{3}{2}\pm\sqrt{\frac{9}{4}+54}\;\Big\}\frac{15}{2}$$

$$x_1=0;x_2=\frac{18}{2}=9;x_3=-\frac{12}{2}=-6 \qquad L=\{-6;0;9\}$$

(b) $5x^3+31x^2+31x+5=0$

$$5x^3+5+31x^2+31x=0$$

$$5(x^3+1)+31x(x+1)=0$$

$$(x+1)\left[5(x^2-x+1)+31x\right]=0$$

$$(x+1)(5x^2+26x+5)=0$$

$$(x+1)=0\vee(5x^2+26x+5)=0$$

$$x_1=-1;x_{2,3}=\frac{-26\pm\sqrt{676-100}\;\}24}{10}$$

$$x_1=-1;x_2=-\frac{2}{10}=-\frac{1}{5};x_3=-\frac{50}{10}=-5 \qquad L=\left\{-1;-5-\frac{1}{5}\right\}$$

4.12 (a) (1) Nein, denn mit 1 – i müsste auch die konjugiert komplexe Zahl 1 + i eine Lösung sein.

(2) Ja, weil 3 – i und 3 + i konjugiert komplexe Zahlen sind.
Produktdarstellung der gesuchten Gleichung:

$$(x-x_1)\cdot(x-x_2)\cdot(x-x_3)\cdot(x-x_4)=0$$

$$(x-2)\cdot(x+1)\cdot\left[x-(3-i)\right]\cdot\left[x-(3+i)\right]=0$$

$$\left(x^2-x-2\right)\cdot\left[(x-3)+i\right]\cdot\left[(x-3)-i\right]=0$$

$$\left(x^2-x-2\right)\cdot\left[(x-3)^2+1^2\right]=0$$

$$\left(x^2-x-2\right)\cdot\left(x^2-6x+10\right)=0 \Leftrightarrow x^4-7x^3+14x^2+2x-20=0$$

(b) Grad 9, weil sich die Gleichung in 9 Linearfaktoren zerlegen lässt, aus denen man die Lösungen unmittelbar ablesen kann.

$$x^3\cdot\left(x^2-25\right)^2\cdot\left(x^2-64\right)=(x-0)^3\cdot(x-5)^2\cdot(x+5)^2\cdot(x-8)\cdot(x+8)$$

$$L=\left\{0^{(3)};5^{(2)};-5^{(2)};-8,8\right\}$$

5 Wurzelgleichungen

5.01 (a) $4x-2\geq 0 \Rightarrow x\geq \frac{1}{2} \Rightarrow D=\left[\frac{1}{2};\infty\right[$

$$\sqrt{4x-2}=5 \;\Big|^2$$
$$4x-2=25$$
$$4x=27 \Rightarrow x=\tfrac{27}{4}$$

Probe L.S. $=\sqrt{4\cdot\frac{27}{4}-2}=\sqrt{25}=5$, R.S. $=5$; L.S. $=$ R.S. $\Rightarrow \frac{27}{4}\in L$ $\qquad L=\left\{\frac{27}{4}\right\}$

(b) $x+7\geq 0 \Rightarrow x\geq -7 \Rightarrow D=[-7;\infty[$

$$\sqrt{x+7}=-3x+9 \;\Big|^2$$
$$x+7=9x^2-54x+81$$
$$9x^2-55x+74=0$$
$$x_{1,2}=\frac{55\pm\sqrt{3025-2664}}{18}=\frac{55\pm\sqrt{361}}{18}=\frac{55\pm 19}{18}$$
$$x_1=\frac{74}{18}=4\frac{1}{9}\in D,\; x_2=\frac{36}{18}=2\in D$$

Probe für x_1: L.S. $=\sqrt{\frac{74}{18}+7}=\sqrt{\frac{100}{9}}=\frac{10}{3}$, R.S. $=-3\cdot\frac{74}{18}+9=-\frac{10}{3}$; L.S. $\neq$ R.S. $\Rightarrow \frac{74}{18}\notin L$

Probe für x_2: L.S. $=\sqrt{2+7}=\sqrt{9}=3$, R.S. $=-3\cdot 2+9=3$; L.S. $=$ R.S. $\Rightarrow 2\in L$

$L=\{2\}$

(c) $\left.\begin{array}{l}2x+6\geq 0\Rightarrow x\geq -3\\ 3x+7\geq 0\Rightarrow x\geq -\frac{7}{3}\end{array}\right\}\Rightarrow x\geq -\frac{7}{3}\Rightarrow D=\left[-\frac{7}{3};\infty\right[$

$$\sqrt{2x+6}=\sqrt{3x+7} \;\Big|^2$$
$$2x+6=3x+7$$
$$x=-1$$

Probe L.S. $=\sqrt{2\cdot(-1)+6}=\sqrt{4}=2$, R.S. $=\sqrt{3\cdot(-1)+7}=\sqrt{4}=2$; L.S. $=$ R.S. $\Rightarrow -1\in L$

$L=\{-1\}$

5.02 $\left.\begin{array}{l}2x+4\geq 0\Rightarrow x\geq -2\\ 4x+1\geq 0\Rightarrow x\geq -\frac{1}{4}\end{array}\right\}\Rightarrow x\geq -\frac{1}{4}\Rightarrow D=\left[-\frac{1}{4};\infty\right[$

$$\sqrt{2x+4}+\sqrt{4x+1}=9$$
$$\sqrt{2x+4}=9-\sqrt{4x+1} \;\Big|^2$$
$$2x+4=81-18\sqrt{4x+1}+4x+1$$
$$18\sqrt{4x+1}=2x+78 \;\Big|:2$$
$$9\sqrt{4x+1}=x+39 \;\Big|^2$$
$$81(4x+1)=x^2+78x+1521$$
$$324x+81=x^2+78x+1521$$
$$x^2-246x+1440=0$$
$$x_{1,2}=123\pm\sqrt{123^2-1440}\;\}=117$$
$$x_1=240\in D$$
$$x_2=6\in D$$

Probe für x_1: L.S. $=\sqrt{484}+\sqrt{961}=53$, R.S. $=9$; L.S. $\neq$ R.S. $\Rightarrow 240\notin L$

Probe für x_2: L.S. $=\sqrt{16}+\sqrt{25}=9$, R.S. $=9$; L.S. $=$ R.S. $\Rightarrow 6\in L$ $\qquad L=\{6\}$

5.03 $\left.\begin{array}{r} 2x+5\geq 0 \Rightarrow x\geq -\frac{5}{2} \\ x-6\geq 0 \Rightarrow x\geq 6 \end{array}\right\} \Rightarrow x\geq 6 \Rightarrow D=[6;\infty[$

$$\begin{aligned} \sqrt{2x+5}-\sqrt{x-6} &= 3 \\ \sqrt{2x+5} &= 3+\sqrt{x-6} \quad \Big|^{2} \\ 2x+5 &= 9+6\sqrt{x-6}+x-6 \\ 6\sqrt{x-6} &= x+2 \quad \Big|^{2} \\ 36(x-6) &= x^2+4x+4 \end{aligned}$$

$$\begin{aligned} 36x-216 &= x^2+4x+4 \\ x^2-32x+220 &= 0 \\ x_{1,2} &= 16\pm\sqrt{16^2-220} \;\Big\}=6 \\ x_1 &= 22\in D \\ x_2 &= 10\in D \end{aligned}$$

Probe für x_1: $L.S.=\sqrt{49}-\sqrt{16}=3$, $R.S.=3$; $L.S.=R.S.\Rightarrow 22\in L$

Probe für x_2: $L.S.=\sqrt{25}-\sqrt{4}=3$, $R.S.=3$; $L.S.=R.S.\Rightarrow 10\in L$ $\qquad L=\{10,22\}$

5.04 $\left.\begin{array}{r} x+3\geq 0 \Rightarrow x\geq -3 \\ x+10\geq 0 \Rightarrow x\geq -10 \\ 4x+25\geq 0 \Rightarrow x\geq -\frac{25}{4} \end{array}\right\} \Rightarrow x\geq -3 \Rightarrow D=[-3;\infty[$

$$\begin{aligned} \sqrt{x+3}+\sqrt{x+10} &= \sqrt{4x+25} \quad \Big|^{2} \\ x+3+2\sqrt{(x+3)(x+10)}+x+10 &= 4x+25 \\ 2\sqrt{(x+3)(x+10)} &= 2x+12 \quad \Big|:2 \\ \sqrt{(x+3)(x+10)} &= x+6 \quad \Big|^{2} \\ x^2+13x+30 &= x^2+12x+36 \\ 13x+30 &= 12x+36 \\ x &= 6\in D \end{aligned}$$

Probe: $L.S.=\sqrt{9}+\sqrt{16}=7$, $R.S.=\sqrt{49}=7$; $L.S.=R.S.\Rightarrow 6\in L$ $\qquad L=\{6\}$

5.05 $\left.\begin{array}{r} 4x+1\geq 0 \Rightarrow x\geq -\frac{1}{4} \\ x+3\geq 0 \Rightarrow x\geq -3 \\ x-2\geq 0 \Rightarrow x\geq 2 \end{array}\right\} \Rightarrow x\geq 2 \Rightarrow D=[2:\infty[$

$$\begin{aligned} \sqrt{4x+1}-\sqrt{x+3} &= \sqrt{x-2} \quad \Big|^{2} \\ 4x+1-2\sqrt{(4x+1)(x+3)}+x+3 &= x-2 \\ -2\sqrt{(4x+1)(x+3)} &= -4x-6 \quad \Big|:(-2) \\ \sqrt{(4x+1)(x+3)} &= 2x+3 \quad \Big|^{2} \\ 4x^2+13x+3 &= 4x^2+12x+9 \\ 13x+3 &= 12x+9 \\ x &= 6\in D \end{aligned}$$

Probe: $L.S.=\sqrt{25}-\sqrt{9}=2$, $R.S.=\sqrt{4}=2$; $L.S.=R.S.\Rightarrow 6\in L$ $\qquad L=\{6\}$

5.06

$$\left.\begin{array}{r} 3-2x\geq 0\Rightarrow x\leq \frac{3}{2} \\ 19-10x\geq 0\Rightarrow x\leq \frac{19}{10} \\ 2-x\geq 0\Rightarrow x\leq 2 \end{array}\right\}\Rightarrow x\leq \frac{3}{2}\Rightarrow D=\left]-\infty;\frac{3}{2}\right]$$

$$\sqrt{3-2x}+\sqrt{19-10x}=4\cdot\sqrt{2-x}\;\Big|^2$$

$$3-2x+2\sqrt{(3-2x)(19-10x)}+19-10x=16(2-x)$$

$$2\sqrt{(3-2x)(19-10x)}=10-4x\,|:2$$

$$\sqrt{(3-2x)(19-10x)}=5-2x\,|^2$$

$$57-68x+20x^2=25-20x+4x^2$$

$$16x^2-48x+32=0\,|:16$$

$$x^2-3x+2=0$$

$$x_{1,2}=\frac{3}{2}\pm\sqrt{\frac{9}{4}-2}\;\Big\}=\frac{1}{2}$$

$$x_1=2\notin D$$

$$x_2=1\in D$$

Probe für $x_2=1$: $L.S.=\sqrt{1}+\sqrt{9}=4,\ R.S.=4\sqrt{1}=4;\ L.S.=R.S.\Rightarrow 1\in L$

$L=\{1\}$

5.07

$$\left.\begin{array}{r} 5-2x\geq 0\Rightarrow x\leq \frac{5}{2} \\ 29-10x\geq 0\Rightarrow x\leq \frac{29}{10} \\ 3-x\geq 0\Rightarrow x\leq 3 \end{array}\right\}\Rightarrow x\leq \frac{5}{2}\Rightarrow D=\left]-\infty;\frac{5}{2}\right]$$

$$\sqrt{5-2x}-\sqrt{29-10x}=4\cdot\sqrt{3-x}\;\Big|^2$$

$$5-2x-2\sqrt{(5-2x)(29-10x)}+29-10x=16(3-x)$$

$$2\sqrt{(5-2x)(29-10x)}=14-4x\,|:2$$

$$\sqrt{(5-2x)(29-10x)}=7-2x\,\Big|^2$$

$$145-108x+20x^2=49-28x+4x^2$$

$$16x^2-80x+96=0\,|:16$$

$$x^2-5x+6=0$$

$$x_{1,2}=\frac{5}{2}\pm\sqrt{\frac{25}{4}-6}\;\Big\}=\frac{1}{2}$$

$$x_1=3\notin D$$

$$x_2=2\in D$$

Probe $x_2=2$: $L.S.=\sqrt{1}-\sqrt{9}=-2,\ R.S.=4\sqrt{1}=4;\ L.S.\neq R.S.\Rightarrow 2\notin L$ $\qquad L=\{\ \}$

6 Exponentialgleichungen, Anwendungsaufgaben

6.01 $5\cdot 2^{x+2}-3^{x+1}+2^{x+3}=3^{x+2}-2^{x+1}+8\cdot 3^{x}$

$$5\cdot 2^{x+2}+2^{x+3}+2^{x+1}=3^{x+2}+8\cdot 3^{x}+3^{x+1}$$
$$2^{x+1}\cdot(5\cdot 2^{1}+2^{2}+1)=3^{x}\cdot(3^{2}+8+3^{1})$$
$$2^{x+1}\cdot(10+4+1)=3^{x}\cdot(9+8+3)$$
$$2^{x+1}\cdot 15=3^{x}\cdot 20 \quad |:5$$
$$2^{x+1}\cdot 3=3^{x}\cdot 4 \quad |:(3\cdot 4)$$
$$2^{x+1}:4=3^{x}:3$$
$$2^{x+1}:2^{2}=3^{x}:3^{1}$$
$$2^{x-1}=3^{x-1}$$
$$x-1=0$$
$$x=1$$

Probe: L.S. = $5\cdot 2^{3}-3^{2}+2^{4}=40-9+16=47$

R.S. = $3^{3}-2^{2}+8\cdot 3^{1}=27-4+24=47$ L.S. = R.S. $L=\{1\}$

6.02 $7^{x+2}-5^{x+2}+7^{x+1}=5^{x+3}-7^{x+3}+5^{x+4}$

$$7^{x+2}+7^{x+1}+7^{x+3}=5^{x+3}+5^{x+4}+5^{x+2}$$
$$7^{x+1}\cdot(7^{1}+1+7^{2})=5^{x+2}\cdot(5^{1}+5^{2}+1)$$
$$7^{x+1}\cdot(7+1+49)=5^{x+2}\cdot(5+25+1)$$
$$7^{x+1}\cdot 57=5^{x+2}\cdot 31$$

Logarithmieren (zur Basis 10) der Gleichung ergibt:

$$(x+1)\cdot\lg 7+\lg 57=(x+2)\cdot\lg 5+\lg 31$$
$$x\cdot\lg 7+\lg 7+\lg 57=x\cdot\lg 5+2\cdot\lg 5+\lg 31$$
$$x\cdot(\lg 7-\lg 5)=2\cdot\lg 5+\lg 31-\lg 7-\lg 57$$
$$x=\frac{2\cdot\lg 5+\lg 31-\lg 7-\lg 57}{(\lg 7-\lg 5)}$$
$$x=1{,}97313$$

Probe: L.S. = $7^{3{,}97313}-5^{3{,}97313}+7^{2{,}97313}=2{,}005664\cdot 10^{3}$

R.S. = $5^{4{,}97313}-7^{4{,}97313}+5^{5{,}97313}=2{,}005630\cdot 10^{3}$ L.S. ≈ R.S. $L=\{1{,}97313\}$

6.03 **(a)** $3\cdot 11^{x}=5\cdot 16^{x}$

$$\lg 3+x\cdot\lg 11=\lg 5+x\cdot\lg 16$$
$$x\cdot(\lg 11-\lg 16)=\lg 5-\lg 3\Rightarrow x=\frac{\lg 5-\lg 3}{(\lg 11-\lg 16)}=-1{,}36332$$

Probe: L.S. = $3\cdot 11^{-1{,}36322}=0{,}11415$ R.S. = $5\cdot 16^{-1{,}36322}=0{,}11415$ L.S. = R.S. $L=\{-1{,}36332\}$

(b) $5\cdot 7^{x}=4\cdot 15^{x}$

$$\lg 5+x\cdot\lg 7=\lg 4+x\cdot\lg 15$$
$$x\cdot(\lg 7-\lg 15)=\lg 4-\lg 5\Rightarrow x=\frac{\lg 4-\lg 5}{(\lg 7-\lg 15)}=0{,}29279$$

Probe: L.S. = $5\cdot 7^{0{,}29279}=8{,}83906$

R.S. = $4\cdot 15^{0{,}29279}=8{,}83909$ L.S. ≈ R.S. $L=\{0{,}29279\}$

6.04 (a) Wertetabelle

h[km]	p[bar]
0	1,013
1	0,894
2	0,789
3	0,696
4	0,614
5	0,542
6	0,479
7	0,422
8	0,373

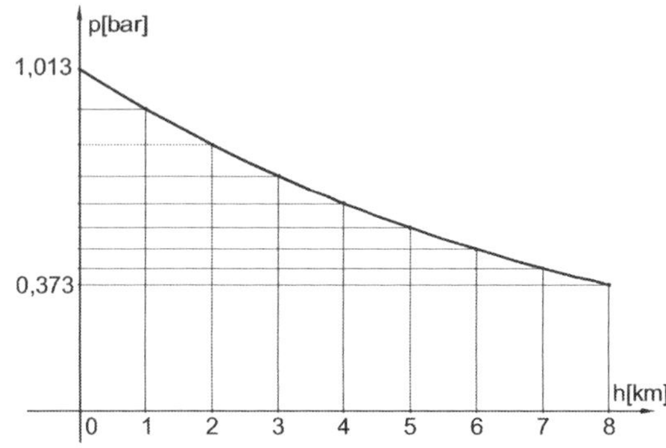

(b) Rechne die angegebenen Höhen in km um und setze ins Gesetz ein:

(1) $p=1{,}013\cdot e^{-0{,}125\cdot 3{,}105}=0{,}687$ bar

(2) $p=1{,}013\cdot e^{-0{,}125\cdot 0{,}115}=0{,}999$ bar

(3) $p=1{,}013\cdot e^{-0{,}125\cdot 8{,}848}=0{,}335$ bar

(4) $p=1{,}013\cdot e^{-0{,}125\cdot 0{,}171}=0{,}992$ bar

(5) $p=1{,}013\cdot e^{-0{,}125\cdot 10}=0{,}290$ bar

(c) Löse folgende Gleichung nach a auf.

$$p_0\cdot e^{-0{,}125\cdot h}=p_0\cdot a^h$$

$$e^{-0{,}125\cdot 1}=a^1\Rightarrow a=e^{-0{,}125}\approx 0{,}8825$$

Der Luftdruck nimmt pro km um ca. 11,75 % ab

6.05 (a) (1) $m_t=m_0\cdot 1{,}35^t$

(2) $1{,}35^t=e^{\lambda t}$

$$1{,}35=e^{\lambda}$$

$$\ln 1{,}35=\lambda\cdot\underbrace{\ln e}_{=1}$$

$$\lambda\approx 0{,}300\Rightarrow m_t=m_0\cdot e^{0{,}300t}$$

(b) $2m_0=m_0\cdot e^{0{,}300\tau}$

$$2=e^{0{,}300\tau}$$

$$\ln 2=0{,}300\tau$$

$$\tau=\frac{\ln 2}{0{,}300}\approx 2{,}31\text{ Tage}$$

(c) $50m_0=m_0\cdot e^{0{,}300t}$

$$50=e^{0{,}300t}$$

$$\ln 50=0{,}300t$$

$$t=\frac{\ln 50}{0{,}300}\approx 13\text{ Tage}$$

(d) Schaubild

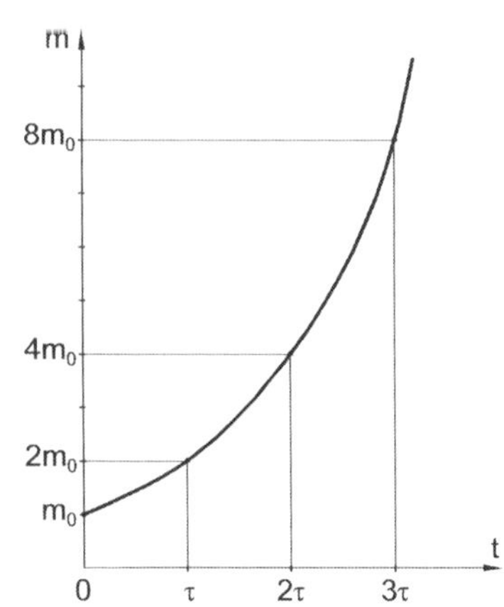

6.06 (a) Wachstumsgesetz:

1. Art: $n_t = n_0 \cdot e^{\lambda t}$ $\quad \lambda = 0{,}02$...Wachstumskonstante

$$n_t = n_0 \cdot e^{0{,}02t}$$

2. Art: $n_t = n_0 \cdot a^t$ $\quad a = e^{0{,}02} = 1{,}02020$

$$n_t = n_0 \cdot 1{,}02020^t$$

t	n
10	3664
20	4476
30	5466
40	6677
50	8155
60	9960

(b) Schaubild

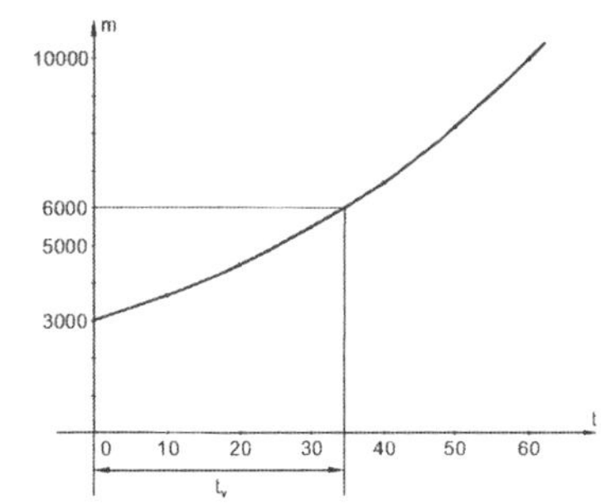

Verdopplungszeit: $t_v \approx 35$ Zeiteinheiten. (Siehe Schaubild).

(c) $30000 = 3000 \cdot e^{0{,}02t}$

$$10 = e^{0{,}002t}$$

$$\ln 10 = 0{,}02t \cdot \underbrace{\ln e}_{=1} \Rightarrow t = \frac{\ln 10}{0{,}02} \approx 115 \text{ Zeiteinheiten}$$

6.07 (a) $\dfrac{n_0}{2} = n_0 \cdot e^{-\lambda \cdot 5}$

$$\frac{1}{2} = e^{-5\lambda}$$

$$\underbrace{\ln 1}_{=0} - \ln 2 = -5\lambda \cdot \underbrace{\ln e}_{=1}$$

$$\lambda = \frac{\ln 2}{5} = 0{,}13863 \text{ Zerfallskonstante}$$

$$n_t = n_0 \cdot e^{-0{,}13863 \cdot t} \text{ Zerfallsgesetz}$$

(b)

t	n
2	45,5
4	34,5
6	26,1
8	19,8
10	15,0
12	11,4

(c) Schaubild

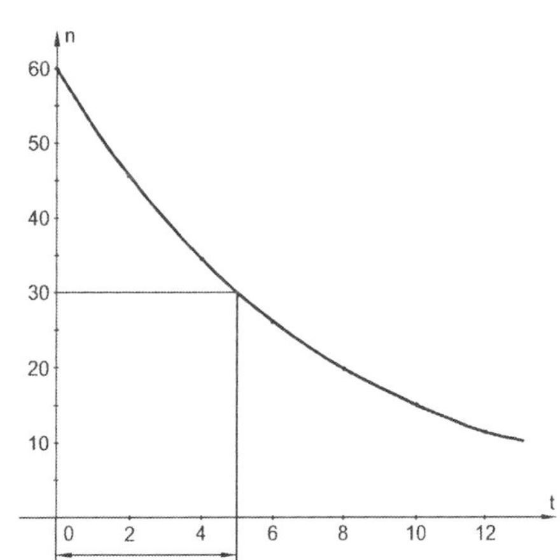

Fortsetzung von 6.07

(d) $$2 = 60 \cdot e^{-0,13863 \cdot t}$$

$$\frac{1}{30} = e^{-0,13863 \cdot t}$$

$$-\ln 30 = -0,13863 \cdot t$$

$$t = \frac{\ln 30}{0,13863} \approx 24,5 \text{ Tage}$$

6.08 (a) **(1)** $$\frac{n_0}{2} = n_0 \cdot e^{-\lambda \cdot 5730}$$

$$\ln 2 = 5730 \cdot \lambda$$

$$\lambda = \frac{\ln 2}{5730} = 0,000120968 \quad \text{Zerfallskonstante}$$

$$n_t = n_0 \cdot e^{-0,000120986 \cdot t} \quad \text{Zerfallsgesetz}$$

(2) $$\frac{1,8}{100} \cdot n_0 = n_0 \cdot e^{-0,000120986 \cdot t}$$

$$\ln 0,018 = -0,000120986 \cdot t$$

$$t = \frac{\ln 0,018}{-0,000120986} = 33210 \approx 33000 \text{ Jahre}$$

(b) **(1)** $$\frac{n_t}{n_0} = e^{-0,1308 \cdot 20} = 0,0731 \approx 7,31\%$$

(2) $$n_{-50} = n_0 \cdot e^{-0,1308 \cdot (-50)}$$

$$n_{-50} = 2,5 \cdot 10^{-3} g \cdot e^{-0,1308 \cdot (-50)} \approx 1,73 g$$

Es ist auch folgender Ansatz möglich:

$$2,5 \cdot 10^{-3} g = n_0 \cdot e^{-0,1308 \cdot 50}$$

$$n_0 = \frac{2,5 \cdot 10^{-3} g}{e^{-0,1308 \cdot 50}} = 1,73 \text{ g}$$

7 Logarithmische Gleichungen

7.01 **(a)** $2\lg x - \lg(x+2) = 1$

Die Numeri müssen > 0 sein: Aus x > 0 und x + 2 > 0 folgt $D = \mathbb{R}^+$

$$\lg\frac{x^2}{x+2} = \lg 10$$
$$x^2 = 10\cdot(x+2)$$
$$x^2 - 10x - 20 = 0$$
$$x_{1,2} = 5 \pm \sqrt{25+20} = 5 \pm \sqrt{45}$$
$$x_1 = 11{,}70820$$
$$x_2 = -1{,}70820 \notin D$$

Probe: L.S. = $2\lg 11{,}70820 - \lg 13{,}70820 = 1 = \text{R.S.}$ $L = \{11{,}70820\}$

(b) $\lg\frac{x}{5} + 2 = \lg\left(x^2 - 21\right)$

Numeri > 0: $x > 0$ und $x^2 - 21 > 0 \Rightarrow x > \sqrt{21} \approx 4{,}6$, $D = \left\{x \in \mathbb{R} \mid x > 4{,}6\right\}$

$$\lg\frac{x}{5} + \lg 100 = \lg\left(x^2 - 21\right)$$
$$\lg\frac{x}{5}\cdot 100 = \lg\left(x^2 - 21\right)$$
$$20x = x^2 - 21$$
$$x^2 - 20x - 21 = 0$$
$$x_{1,2} = 10 \pm \sqrt{100+21} = 10 \pm 11$$
$$x_1 = 21, x_2 = -1 \notin D$$

Probe: L.S. = $\lg\frac{21}{5} + 2 = 2{,}62325$ R.S. = $\lg(21^2 - 21) = \lg 420 = 2{,}62325$ L.S = R.S. $L = \{21\}$

7.02 $2\log(x-3) - \log(2x+1) = \log 2 + \log(5-x)$

Numeri > 0: Aus $x - 3 > 0$ und $2x + 1 > 0$ und $5 - x > 0$ folgt $x > 3$ und $x > -\frac{1}{2}$ und $x < 5$.

Also: $D = \left\{x \in \mathbb{R} \mid 3 < x < 5\right\}$

$$\log(x-3)^2 - \log(2x+1) = \log 2\cdot(5-x)$$
$$\log\frac{(x-3)^2}{2x+1} = \log(10-2x)$$
$$(x-3)^2 = (2x+1)\cdot(10-2x)$$
$$x^2 - 6x + 9 = 20x + 10 - 4x^2 - 2x$$
$$5x^2 - 24x - 1 = 0$$

$$x_{1,2} = \frac{24 \pm \sqrt{576+20}}{10}$$
$$x_{1,2} = \frac{24 \pm \sqrt{596}}{10}$$
$$x_1 = 4{,}84131,\ x_2 = -0{,}04131 \notin D$$

Probe: L.S. = $2\log 1{,}84131 - \log 10{,}68262 = -0{,}49842$

R.S. = $\log 2 + \log 0{,}15869 = -0{,}49842$ L.S. = R.S. $L = \{4{,}84131\}$

7.03 $\log(x+5)-\log(x-4)=\log(3x-5)-\log(x-3)$

Numeri > 0: Aus $x+5>0$ und $x-4>0$ und $3x-5>0$ und $x-3>0$ folgt

$x>-5$ und $x>4$ und $x>\frac{5}{3}$ und $x>3 \Rightarrow D=\{x\in\mathbb{R}|x>4\}$.

$$\log\frac{x+5}{x-4}=\log\frac{3x-5}{x-3}$$

$$\frac{x+5}{x-4}=\frac{3x-5}{x-3}$$

$$(x+5)\cdot(x-3)=(3x-5)\cdot(x-4)$$

$$x^2+5x-3x-15=3x^2-5x-12x+20$$

$$2x^2-19x+35=0$$

$$x_{1,2}=\frac{19\pm\sqrt{361-280}}{4}$$

$$x_{1,2}=\frac{19\pm9}{4}$$

$$x_1=7$$

$$x_2=\frac{5}{2}\notin D$$

Probe: L.S. = $\log 12-\log 3=0,60206$

R.S. = $\log 16-\log 4=0,60206$ L.S. = R.S. $L=\{7\}$

7.04 (a) $\lg(x-6)-\lg(x+4)=\lg 5-\lg 7$

Numeri > 0: $x-6>0$ und $x+4>0 \Rightarrow D=\{x\in\mathbb{R}|x>6\}$

$$\lg\frac{x-6}{x+4}=\lg\frac{5}{7}$$

$$\frac{x-6}{x+4}=\frac{5}{7}$$

$$7\cdot(x-6)=5\cdot(x+4)$$

$$7x-42=5x+20$$

$$2x=62$$

$$x=31\in D$$

Probe:

L.S. $=\lg 25-\lg 35=-0,14613$

R.S. $=\lg 5-\lg 7=-0,14613$ L.S. = R.S $L=\{31\}$

(b) $7^{\lg x}=49$

$$7^{\lg x}=7^2$$

$$\lg x=2$$

$$x=10^2=100$$

Probe: L.S. = $7^{\lg 100}=7^2=49$ = R.S. $L=\{100\}$

7.05 **(a)** $\lg 3x + \lg(4x-7) = \lg 11x + \lg 9$

Numeri > 0: $3x > 0$ und $4x - 7 > 0 \Rightarrow D = \left\{x \in \mathbb{R} \middle| x > \frac{7}{4}\right\}$

$\lg 3x \cdot (4x-7) = \lg 99x$

$12x^2 - 21x = 99x$

$12x^2 - 120x = 0$

$12x \cdot (x-10) = 0$

$x_1 = 0 \notin D$

$x - 10 = 0 \Rightarrow x_2 = 10 \in D$

Probe:

L.S. $= \lg 30 + \lg 33 = 2{,}99564$ R.S. $= \lg 110 + \lg 9 = 2{,}99564$ L.S. = R.S $L = \{10\}$

(b) $5^{\lg x} = \frac{1}{25}$

$5^{\lg x} = \frac{1}{5^2} = 5^{-2}$

$\lg x = -2 \Rightarrow x = 10^{-2} = \frac{1}{100} = 0{,}01$

Probe: L.S. = $5^{\lg 0{,}01} = 5^{-2} = \frac{1}{25}$ = R.S. $L = \{0{,}01\}$

7.06

$x^{\lg x - 1{,}5} = 10$

$\lg\left(x^{\lg x - 1{,}5}\right) = \lg 10$

$(\lg x - 1{,}5) \cdot \lg x = 1$

$(\lg x)^2 - 1{,}5 \cdot \lg x - 1 = 0$

Setze für $\lg x = u$ ein

$u^2 - 1{,}5u - 1 = 0$

$u_{1,2} = 0{,}75 \pm \sqrt{0{,}5625 + 1} = 0{,}75 \pm \sqrt{1{,}5625}$

$u_{1,2} = 0{,}75 \pm 1{,}25$

$u_1 = 2, u_2 = -\frac{1}{2}$

Zurückeinsetzen ergibt:

$\lg x = 2$ $\qquad \lg x = -\frac{1}{2}$

$x_1 = 10^2 = 100$ $\qquad x_2 = 10^{-\frac{1}{2}} = \frac{1}{\sqrt{10}}$

Probe für x_1: L.S. = $100^{\lg 100 - 1{,}5} = 100^{0{,}5} = \sqrt{100} = 10$ = R.S.

Probe für x_2: L.S = $\left(\frac{1}{\sqrt{10}}\right)^{\lg\frac{1}{\sqrt{10}} - 1{,}5} = \left(\frac{1}{\sqrt{10}}\right)^{-2} = \left(\sqrt{10}\right)^2 = 10$ = R.S.

$L = \left\{100, \frac{1}{\sqrt{10}}\right\}$

8 Goniometrische Gleichungen

8.01 $2\cos\varphi = 1$

$\cos\varphi = \frac{1}{2}$

$\varphi = \arccos\frac{1}{2}$

$\varphi_1 = 60°, \varphi_2 = 360° - \varphi_1 = 300°$

(1) $L = \{60°; 300°\}$ **(2)** $L = \left\{\frac{\pi}{3} \approx 1{,}05\text{rad}; \frac{5\pi}{3} \approx 5{,}24\text{rad}\right\}$ **(3)** $L = \left\{66{,}\dot{6}^{\,g}; 333{,}\dot{3}^{\,g}\right\}$

8.02 $4\tan 2\varphi = 5$

$\tan 2\varphi = \frac{5}{4}$

$2\varphi = \arctan\frac{5}{4}$

$2\varphi \approx 51{,}34° \Rightarrow \varphi \approx 25{,}67°$

$\varphi_1 \approx 25{,}67°, \varphi_2 \approx 115{,}67°, \varphi_3 \approx 205{,}67°, \varphi_4 \approx 295{,}67°$

8.03 $3\sin^2\varphi = 2$

$\sin^2\varphi = \frac{2}{3}$

$\sin\varphi = \sqrt{\frac{2}{3}}$

$\varphi = \arcsin\sqrt{\frac{2}{3}}$

$\varphi \approx 0{,}96\text{rad}$

$\varphi_1 \approx 0{,}96\text{rad}, \varphi_2 \approx 2{,}19\text{rad}, \varphi_3 \approx 4{,}10\text{rad}, \varphi_4 \approx 5{,}33\text{rad}$

8.04 Wegen $\tan\varphi = \dfrac{\sin\varphi}{\cos\varphi}$ muss der Nenner $\cos\varphi \neq 0$ sein!

$\cos\varphi \neq 0$ führt im Fall **(1)** zu $D = G \setminus \{90°, 270°\}$ und im Fall **(2)** zu $D = G \setminus \left\{\frac{\pi}{2}; \frac{3\pi}{2}\right\}$

$$2\sin\varphi = \frac{\sin\varphi}{\cos\varphi} \quad \Big| \cdot \cos\varphi$$

$$2\sin\varphi \cdot \cos\varphi = \sin\varphi$$

$$2\sin\varphi \cdot \cos\varphi - \sin\varphi = 0$$

$$\sin\varphi \cdot (2\cos\varphi - 1) = 0$$

$$\sin\varphi = 0 \vee \qquad 2\cos\varphi - 1 = 0 \Leftrightarrow \cos\varphi = \frac{1}{2}$$

$$\varphi = \arcsin 0 \qquad \vee \qquad \varphi = \arccos\frac{1}{2}$$

$$\varphi_1 = 0°, \varphi_2 = 180° \qquad \varphi_3 = 60°, \varphi_4 = 360° - 60° = 300°$$

(1) $L = \{0°; 60°; 180°; 300°\}$ **(2)** $L = \left\{0; \dfrac{\pi}{3}; \pi; \dfrac{5\pi}{3}\right\}$.

8.05 $D = G$

$$2\cos^2\varphi = \sin 2\varphi$$
$$2\cos^2\varphi = 2\sin\varphi\cdot\cos\varphi$$
$$\cos^2\varphi - \sin\varphi\cdot\cos\varphi = 0$$
$$\cos\varphi\cdot(\cos\varphi - \sin\varphi) = 0$$

$\cos\varphi = 0 \quad \vee \quad \cos\varphi - \sin\varphi = 0 \Leftrightarrow \frac{\sin\varphi}{\cos\varphi} = \tan\varphi = 1$

$\varphi = \arccos 0 \quad \vee \quad \varphi = \arctan 1$

$\varphi_1 = 90°, \phi_2 = 270° \qquad \varphi_3 = 45°, \varphi_4 = 270° - 45° = 225°$

(1) $L = \{90° + k\cdot 180°; 45° + k\cdot 180°\}, k \in \mathbb{Z}$

(2) $L = \left\{\frac{\pi}{2} + k\cdot\pi; \frac{\pi}{4} + k\cdot\pi\right\}; k \in \mathbb{Z}$

(3) $L = \{100^g + k\cdot 200^g; 50^g + k\cdot 200^g\}, k \in \mathbb{Z}$

8.06 $\cos 2\varphi = \cos\varphi - 0{,}5$

$$\cos^2\varphi - \sin^2\varphi = \cos\varphi - 0{,}5$$
$$\cos^2\varphi - (1 - \cos^2\varphi) = \cos\varphi - 0{,}5$$
$$2\cos^2\varphi - \cos\varphi - 0{,}5 = 0$$
$$(\cos\varphi)_{1,2} = \frac{1 \pm \sqrt{5}}{4}$$

$(\cos\varphi)_1 = \frac{1+\sqrt{5}}{4}$, Wert speichern!

$\varphi = \arccos\frac{1+\sqrt{5}}{4} \Rightarrow \varphi_1 = 36°, \varphi_2 = 360° - 36° = 324°$

$(\cos\varphi)_2 = \frac{1-\sqrt{5}}{4}$, Wert speichern!

$\varphi = \arccos\frac{1-\sqrt{5}}{4} \Rightarrow \varphi_3 = 180° - 72° = 108°, \varphi_4 = 180° + 72° = 252°$

$L = \{36°, 108°, 252°, 324°\}$,

$L = \{40^g, 120^g, 280^g, 360^g\}$,

$L = \{0{,}63\text{rad}; 1{,}88\text{rad}; 4{,}40\text{rad}; 5{,}65\text{rad}\}$

9 Lineare Ungleichungen, Ungleichungssyteme, Textaufgaben

9.01 $\frac{4x+9}{10}-\frac{x+5}{5}<\frac{7x-1}{25}+\frac{3-x}{20}\ \Big|\cdot 100$ ... Hauptnenner

$$10(4x+9)-20(x+5)<4(7x-1)+5(3-x)$$
$$40x+90-20x-100<28x-4+15-5x$$
$$20x-10<23x+11$$
$$-3x<21\,\big|:(-3)<0!!$$
$$x>-7$$

$L_{\mathbb{N}_u}=\{1,3,5,\ldots\},\ L_{\mathbb{Z}}=\{-6,-5,-4,\ldots\},\ L_{\mathbb{R}}=\{x\,|\,x>-7\}=]-7;\infty[$

Kontrolle für x = – 6

L.S.: $\frac{-24+9}{10}-\frac{-6+5}{5}=\frac{-15}{10}-\frac{-1}{5}=-\frac{3}{2}+\frac{1}{5}=-\frac{13}{10}$

R.S.: $\frac{-42-1}{25}+\frac{3+6}{20}=\frac{-43}{25}+\frac{9}{20}=\frac{-172+45}{100}=-\frac{127}{100}$

$-\frac{13}{10}<-\frac{127}{100}$ da $-130<-127$ ist.

9.02 $\frac{7x-2}{3}-\frac{3(x+2)}{4}>\frac{4}{5}(x+3)-6\ \Big|\cdot 60$ ... Hauptnenner

$$20(7x-2)-3\cdot 15(x+2)>4\cdot 12(x+3)-360$$
$$140x-40-45x-90>48x+144-360$$
$$95x-130>48x-216$$
$$47x>-86\,\big|:47\Rightarrow x>-\frac{86}{47}\approx -1{,}83$$

$L_{\mathbb{N}_g}=\{0,2,4\ldots\},L_{\mathbb{Z}}=\{-1,0,1,2,\ldots\},L_{\mathbb{R}}=\left\{x\,\middle|\,x>-\frac{86}{47}\right\}=\left]-\frac{86}{47};\infty\right[$

Kontrolle für x = – 1

L.S.: $\frac{-7-2}{3}-\frac{3\cdot(-1+2)}{4}=\frac{-9}{3}-\frac{3}{4}=\frac{-36-9}{12}=-\frac{45}{12}=-\frac{15}{4}$

R.S.: $\frac{4}{5}(-1+3)-6=\frac{8}{5}-6=\frac{8-30}{5}=-\frac{22}{5}$

$-\frac{15}{4}>-\frac{22}{5}$ da $-75>-88$ ist.

9.03 $(3x+5)^2-(2x-3)^2\le 5x^2+7(2x+12)$

$$9x^2+30x+25-(4x^2-12x+9)\le 5x^2+14x+84$$
$$9x^2+30x+25-4x^2+12x-9\le 5x^2+14x+84$$
$$28x\le 68\Rightarrow x\le\frac{68}{28}=\frac{17}{7}=2{,}43$$

$L_{\mathbb{N}}=\{0,1,2\},L_{\mathbb{Z}}=\{\ldots,-3,-2,-1,0,1,2,3\},L_{\mathbb{R}}=\left\{x\,\middle|\,x\le\frac{17}{7}\right\}=\left]-\infty;\frac{17}{7}\right]$

Kontrolle für x = 2: L.S.: $11^2-1^2=120$ R.S.: $9+7\cdot 16=121$ $120\le 121$ w.A.

9.04 $8(x+5)-(2x-7)^2 \geq 5x^2-(3x+2)^2$

$$8x+40-(4x^2-28x+49) \geq 5x^2-(9x^2+12x+4)$$

$$8x+40-4x^2+28x-49 \geq 5x^2-9x^2-12x-4$$

$$48x \geq 5$$

$$x \geq \frac{5}{48} \approx 0{,}10$$

$L_{\mathbb{N}^*} = \{1,2,3,\ldots\}$, $L_{\mathbb{Z}^-} = \{\ \}$, $L_{\mathbb{R}} = \left\{x \middle| x \geq \frac{5}{48}\right\} = \left[\frac{5}{48};\infty\right[$

Kontrolle für x = 1

L.S.: $8(1+5)-(2-7)^2 = 48-25 = 23$

R.S.: $5-(3+2)^2 = 5-25 = -15 \qquad 23 \geq -15$

9.05 (I) $15-5x < 3x+6$ $\quad\wedge\quad$ (II) $3x+6 \leq 60$

$9 < 8x \qquad\qquad 3x \leq 54$

$\frac{9}{8} < x \qquad\qquad x \leq 18$

Teillösungsmengen:

in $\mathbb{N}$: $L_I = \{2,3,4,\ldots\}$ $\qquad L_{II} = \{0,1,2,\ldots,18\}$

in $\mathbb{Z}$: $L_I = \{2,3,4,\ldots\}$ $\qquad L_{II} = \{\ldots,-2,-1,0,\ldots,18\}$

in $\mathbb{R}$: $L_I = \left]\frac{9}{8};\infty\right[$ $\qquad L_{II} = \left]-\infty;18\right]$

Gesamtlösung: $L = L_I \cap L_{II}$, in $\mathbb{N}$ und $\mathbb{Z}$: $L = \{2,3,4,\ldots,18\}$, in $\mathbb{R}$: $L = \left]\frac{9}{8};18\right]$

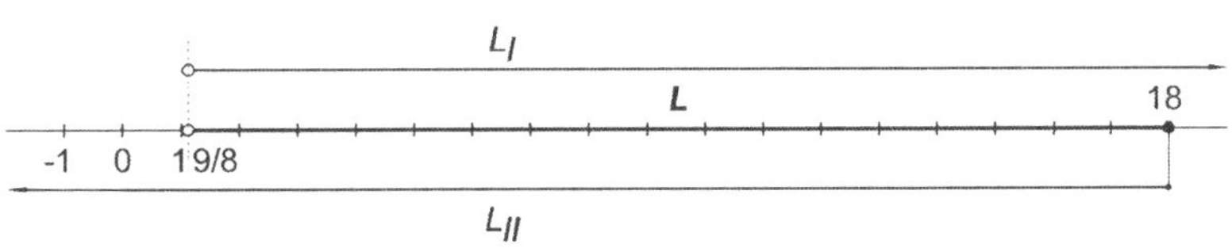

9.06 (I) $3x+5 \leq 2x-8$ $\wedge$ (II) $2x-8 < 4$

$x \leq -13 \qquad\qquad x < 6$

Teillösungsmengen:

in $\mathbb{N}$: $L_I = \{\}$ $\qquad L_{II} = \{0,1,2,3,4,5\}$

in $\mathbb{Z}$: $L_I = \{\ldots,-15,-14,-13\}$, $\qquad L_{II} = \{\ldots-3,-2,-1,0,1,2,3,4,5\}$

in $\mathbb{R}$: $L_I = \left]-\infty;-13\right]$ $\qquad L_{II} = \left]-\infty;6\right[$

Gesamtlösung: $L = L_I \cap L_{II}$, in $\mathbb{N}$: $L = \{\ \}$ $\quad$ in $\mathbb{Z}$: $L = \{\ldots,-15,-14,-13\}$ $\quad$ in $\mathbb{R}$: $L = \left]-\infty;-13\right]$

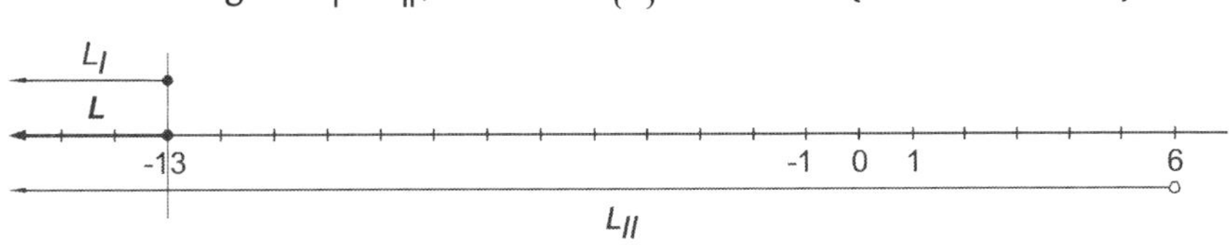

9.07 (I) $\frac{2x+1}{3} < x+1 \quad \wedge \qquad$ (II) $x+1 \leq \frac{x}{4}+7$

$2x+1 < 3x+3 \qquad\qquad 4x+4 \leq x+28$

$-2 < x \qquad\qquad x \leq 8$

Teillösungsmengen:

in $\mathbb{N}$: $L_I = \{0,1,2,\ldots\}$ $\qquad L_{II} = \{0,1,2,3,4,5,6,7,8\}$

in $\mathbb{Z}$: $L_I = \{-1,0,1,2,\ldots\}$ $\qquad L_{II} = \{\ldots,-2,-1,0,1,2,3,4,5,6,7,8\}$

in $\mathbb{R}$: $L_I = \left]-2;\infty\right[$ $\qquad L_{II} = \left]-\infty;8\right]$

Gesamtlösung: $L = L_I \cap L_{II}$

in $\mathbb{N}$: $L = \{0,1,2,3,4,5,6,7,8\}$

in $\mathbb{Z}$: $L = \{-1,0,1,2,3,4,5,6,7,8\}$

in $\mathbb{R}$: $L = \left]-2;8\right]$

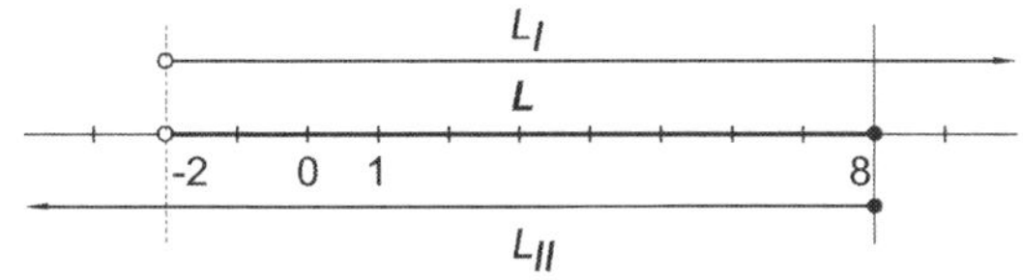

9.08 (I) $\frac{2x-7}{6} \leq \frac{3x+7}{2} \qquad \wedge \qquad$ (II) $\frac{3x+7}{2} < x+6$

$2x-7 \leq 9x+21 \qquad\qquad 3x+7 < 2(x+6)$

$-28 \leq 7x \qquad\qquad 3x+7 < 2x+12$

$x \geq -4 \qquad\qquad x < 5$

Teillösungsmengen:

in $\mathbb{N}$: $L_I = \{0,1,2,\ldots\}$ $\qquad L_{II} = \{0,1,2,3,4\}$

in $\mathbb{Z}$: $L_I = \{-4,-3,-2,-1,0,1,2,\ldots\}$ $\qquad L_{II} = \{\ldots,-4,-3,-2,-1,0,1,2,3,4\}$

in $\mathbb{R}$: $L_I = \left[-4;\infty\right[$ $\qquad L_{II} = \left]-\infty;5\right[$

Gesamtlösung: $L = L_I \cap L_{II}$

in $\mathbb{N}$: $L_I = \left[-4;8\right[$

in $\mathbb{Z}$: $L = \{-4,-3,-2,-1,0,1,2,3,4\}$

in $\mathbb{R}$: $L = \left[-4;5\right[$

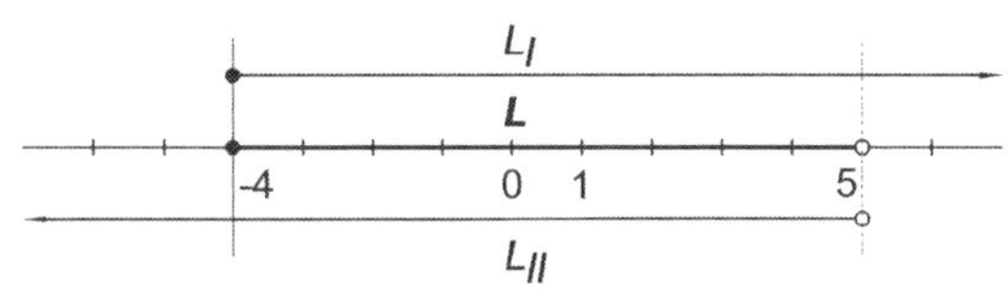

9.09 Nenner = 0 setzen:

$x-1=0 \Leftrightarrow x=1 \Rightarrow D=\mathbb{R}\setminus\{1\}$

(I) $x-1>0 \Leftrightarrow x>1 \qquad \vee \qquad$ (II) $x-1<0 \Leftrightarrow x<1$

$x+2 < 4(x-1) \qquad\qquad x+2 > 4(x-1)$

$x+2 < 4x-4 \qquad\qquad x+2 > 4x-4$

$6 < 3x \qquad\qquad 6 > 3x$

$x > 2 \qquad\qquad x < 2$

Teillösungsmengen:

in $\mathbb{R}$: $L_I = \{x \mid (x>1) \wedge (x>2)\}$ $\qquad L_{II} = \{x \mid (x<1) \wedge (x<2)\}$

$= \{x \mid x>2\} = \left]2;\infty\right[$ $\qquad = \{x \mid x<1\} = \left]-\infty;1\right[$

in $\mathbb{Z}$: $L_I = \{3,4,5,\ldots\}$ $\qquad L_{II} = \{\ldots,-2,-1,0\}$

Gesamtlösung: $L = L_I \cup L_{II}$

in $\mathbb{R}$: $L = \{x \mid (x>2) \vee (x<1)\} = \mathbb{R}\setminus\left[1;2\right]$

in $\mathbb{Z}$: $L = \{\ldots,-3,-2,-1,0;3,4,5,\ldots\}$

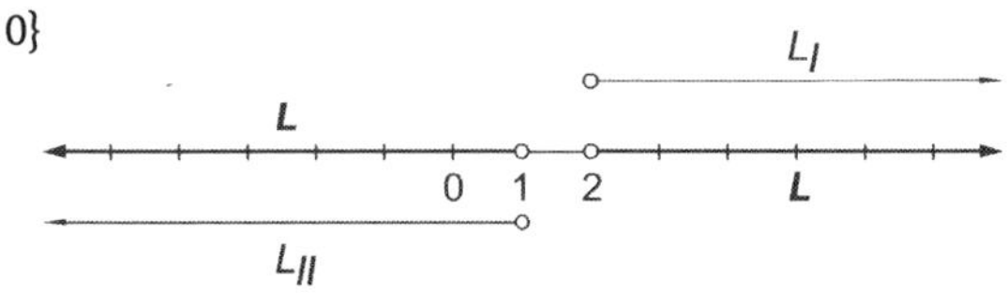

9.10 Nenner = 0 setzen:

$x+1=0 \Leftrightarrow x=-1 \Rightarrow D=\mathbb{R}\setminus\{-1\}$

(I) $x+1>0 \Leftrightarrow x>-1$ $\quad\vee\quad$ (II) $x+1<0 \Leftrightarrow x<-1$

(I)	(II)
$x-4>6(x+1)$	$x-4<6(x+1)$
$x-4>6x+6$	$x-4<6x+6$
$-10>5x$	$-10<5x$
$x<-2$	$x>-2$

Teillösungsmengen:

in $\mathbb{R}$: $L_I=\{x|(x>-1)\wedge(x<-2)\}$ $=\{\ \}$ $\qquad L_{II}=\{x|(x<-1)\wedge(x>-2\}$ $=\{x|-2<x<-1\}=]-2;-1[$

in $\mathbb{Z}$: $L_I=\{\ \}$ $\qquad L_{II}=\{\ \}$

Gesamtlösung: $L=L_I\cup L_{II}$

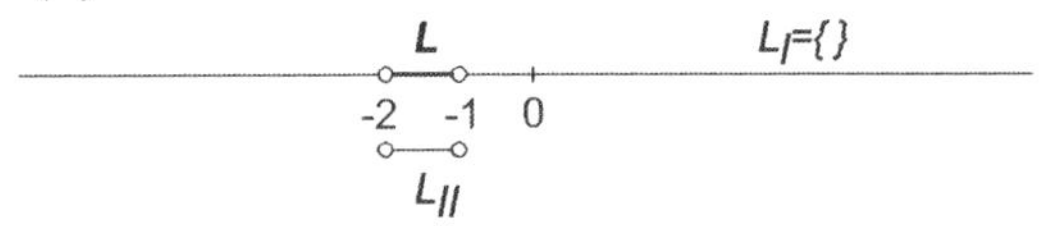

in $\mathbb{R}$: $L=\{x|-2<x<-1\}=]-2;-1[$

in $\mathbb{Z}$: $L=\{\ \}$

9.11 $D=\mathbb{R}\setminus\{4\}$

Der Wert des Bruchtermes ist positiv, wenn (I) der Zähler und der Nenner positiv sind oder wenn (II) der Zähler und der Nenner negativ sind.

$[(x+1>0)\wedge(x-4>0]\vee[(x+1<0)\wedge(x-4<0)]$

$[(x>-1)\wedge(x>4)]\vee[(x<-1)\wedge(x<4)]$

$(x>4)\vee(x<-1)$

Teillösungsmengen:

In $\mathbb{R}$: $L_I=\{x|x>4\}$ $\qquad L_{II}=\{x<-1\}$

In $\mathbb{Z}$: $L_I=\{5,6,7,\ldots\}$ $\qquad L_{II}=\{\ldots,-4,-3,-2\}$

Gesamtlösung: $L=L_I\cup L_{II}$

In $\mathbb{R}$: $L=\{x|(x>4)\vee(x<-1)\}=\mathbb{R}\setminus[-1;4]$

In $\mathbb{Z}$: $L=\{\ldots,-4,-3,-2;5,6,7,\ldots\}$

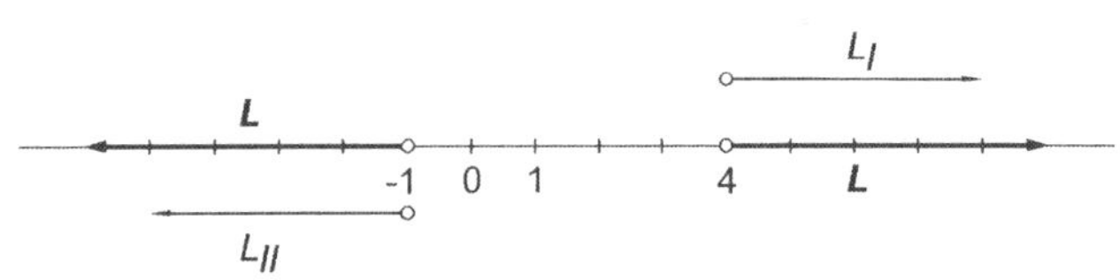

9.12 $D=\mathbb{R}\setminus\{-2\}$

Der Wert des Bruchtermes ist negativ, wenn (I) der Zähler positiv und der Nenner negativ ist oder wenn (II) der Zähler negativ und der Nenner positiv ist.

$[(x-3>0)\wedge(x+2<0]\vee[(x-3<0)\wedge(x+2>0)]$

$[(x>3)\wedge(x<-2)]\vee[(x<3)\wedge(x>-2)]$

$-2<x<3$

Teillösungsmengen:

In $\mathbb{R}$: $L_I=\{\ \}$ $\qquad L_{II}=\{x|-2<x<3\}$

In $\mathbb{Z}$: $L_I=\{\ \}$ $\qquad L_{II}=\{-1,0,1,2\}$

Gesamtlösung: $L=L_I\cup L_{II}$

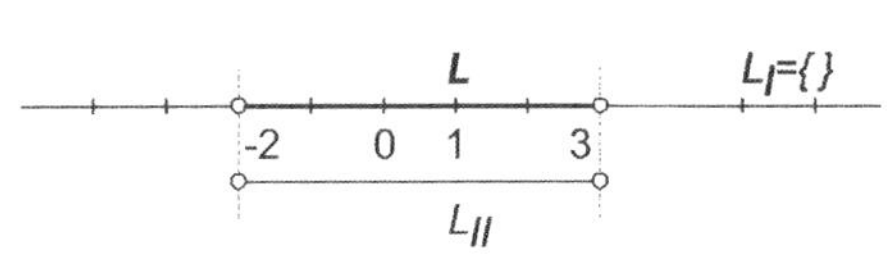

In $\mathbb{R}$: $L=\{x|-2<x<3\}=]-2;3[$

In $\mathbb{Z}$: $L=\{-1,0,1,2\}$

9.13 Die gegebene Ungleichung ist äquivalent mit der *fortlaufenden* Ungleichung $-9 < 3x - 3 < 9$. Löse daher das folgende *konjunktive* Ungleichungssystem:

(I) $-9 < 3x - 3$	$\wedge$	(II) $3x - 3 < 9$
$-6 < 3x$		$3x < 12$
$-2 < x$		$x < 4$

Teillösungsmengen:

in $\mathbb{R}$: $L_I = \{x \mid x > -2\} =]-2;\infty[$ $\qquad$ $L_{II} = \{x \mid x < 4\} =]-\infty;4[$

in $\mathbb{Z}$: $L_I = \{-1,0,1,2,3\ldots\}$ $\qquad$ $L_{II} = \{\ldots,-2,-1,0,1,2,3\}$

Gesamtlösung: $L = L_I \cap L_{II}$

in $\mathbb{R}$: $L = \{x \mid -2 < x < 4\} =]-2;4[$

in $\mathbb{Z}$: $L = \{-1,0,1,2,3\}$

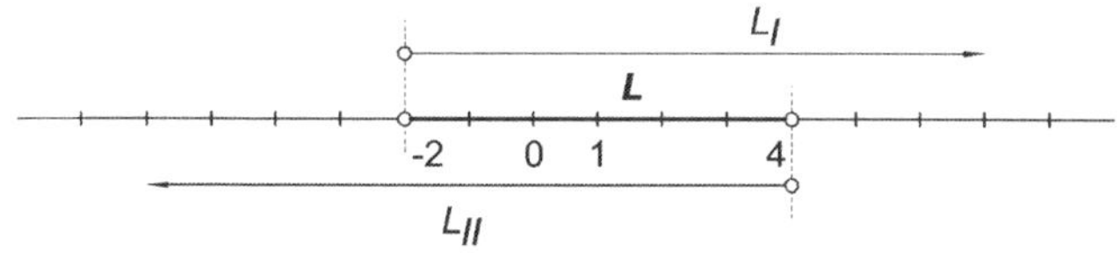

9.14 Die gegebene Ungleichung ist äquivalent mit folgendem *disjunktiven* Ungleichungssystem:

(I) $2x - 1 \le -7$	$\vee$	(II) $2x - 1 \ge 7$
$2x \le -6$		$2x \ge 8$
$x \le -3$		$x \ge 4$

Teillösungsmengen:

in $\mathbb{R}$: $L_I = \{x \mid x \le -3\} =]-\infty;-3]$ $\qquad$ $L_{II} = \{x \mid x \ge 4\} = [4;\infty[$

in $\mathbb{Z}$: $L_I = \{\ldots,-5,-4,-3\}$ $\qquad$ $L_{II} = \{4,5,6,\ldots\}$

Gesamtlösung: $L = L_I \cap L_{II}$

in $\mathbb{R}$: $L = \{x \mid (x \le -3) \vee (x \ge 4)\} = \mathbb{R} \setminus]-3;4[$

in $\mathbb{Z}$: $L = \{\ldots,-5,-4,-3;4,5,6,\ldots\}$

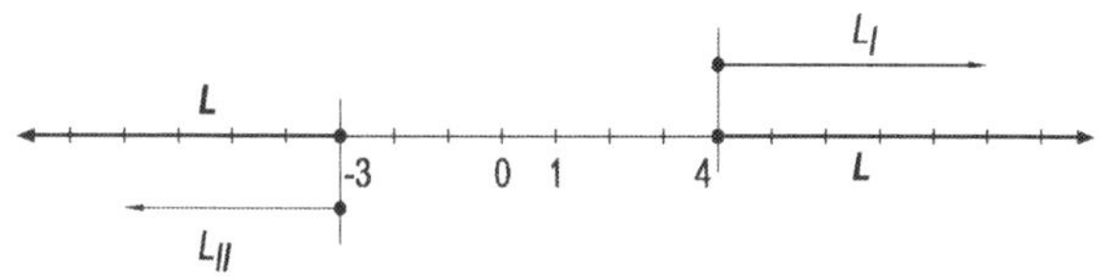

9.15 Die gegebene Ungleichung ist äquivalent mit der *fortlaufenden* Ungleichung $-17 \le 2x - 5 \le 17$. Löse daher das folgende *konjunktive* Ungleichungssystem:

(I) $-17 \le 2x - 5$	$\wedge$	(II) $2x - 5 \le 17$
$-12 \le 2x$		$2x \le 22$
$-6 \le x$		$x \le 11$

Teillösungsmengen:

in $\mathbb{R}$: $L_I = \{x \mid x \ge -6\} = [-6;\infty[$ $\qquad$ $L_{II} = \{x \mid x \le 11\} =]-\infty;11]$

in $\mathbb{Z}$: $L_I = \{-6,-5,-4,\ldots\}$ $\qquad$ $L_{II} = \{\ldots,9,10,11\}$

Gesamtlösung: $L = L_I \cap L_{II}$

in $\mathbb{R}$: $L = \{x \mid -6 \le x \le 11\} = [-6;11]$

in $\mathbb{Z}$: $L = \{-6,-5,-3,\ldots,9,10,11\}$

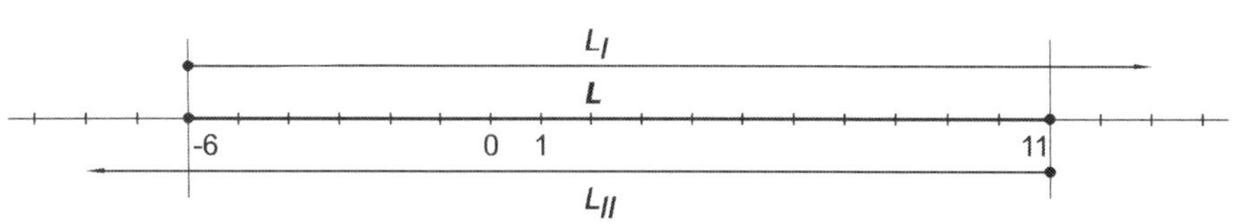

9.16 Die gegebene Ungleichung ist äquivalent mit folgendem *disjunktiven* Ungleichungssystem:

$(\mathrm{I})\, 3x - 6 < -18 \quad \vee \quad (\mathrm{II})\, 3x - 6 > 18$

$3x < -12 \qquad 3x > 24$

$x < -4 \qquad x > 8$

Teillösungsmengen:

in $\mathbb{R}$: $L_I = \{x \mid x < -4\} =]-\infty; -4[$ $\qquad L_{II} = \{x \mid x > 8\} =]8; \infty[$

in $\mathbb{Z}$: $L_I = \{\ldots, -7, -6, -5\}$ $\qquad L_{II} = \{8, 9, 10, \ldots\}$

Gesamtlösung: $L = L_I \cap L_{II}$

in $\mathbb{R}$: $L = \{x \mid (x < -4) \vee (x > 8)\} = \mathbb{R} \setminus [-4; 8]$

in $\mathbb{Z}$: $L = \{\ldots, -7, -6, -5; 9, 10, \ldots\}$

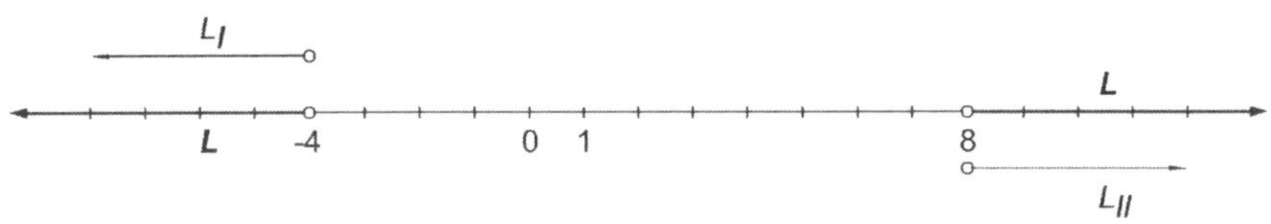

9.17 x ... sei die Weinmenge in Liter.

Ansatz:

Weinmenge mal Literpreis beim Weinhändler+Fahrtkosten < Weinmenge mal Literpreis im Geschäft

$$x \cdot 1{,}80 + 19 < x \cdot 2{,}60$$

$$19 < 0{,}8x$$

$$x > \frac{19}{0{,}8} = 23{,}75$$

Antwort: Ab einem Einkauf von 24 Liter lohnt sich die Fahrt zum Weinhauer.

9.18 x ... Zehnerziffer

Z E

x 3

Dekadischer Wert: 10x + 3

Ziffernsumme: x + 3

Ansatz:

Dekadischer Wert < 5fache der Ziffernsumme

$$10x + 3 < 5(x + 3)$$

$$10x + 3 < 5x + 15$$

$$5x < 12$$

$$x < 2{,}4$$

x = 1 oder x = 2, da die Zehnerziffer $\in \{1,2,3,4,5,6,7,8,9\}$ ist.

Antwort: Die Zahlen heißen 13 und 23.

9.19 x ... sei die Stückzahl, die mindestens verkauft werden muss.

Ansatz:

Fixkosten + Stückpreis mal Stückzahl ≤ Verkaufspreis mal Stückzahl

$$10465 + 2,86 \cdot x \leq 3,19 \cdot x$$
$$10465 \leq 0,33x$$
$$x \geq \frac{10465}{0,33} \approx 31712,12$$

Antwort: Es müssen mindestens 31713 Stück verkauft werden.

9.20 x ... sei die Verbindungszeit in Minuten.

Ansatz:

Grundgebühr + Gesprächsgebühr mal Verbindungszeit des 2. Tarifs <
Grundgebühr + Gesprächsgebühr mal Verbindungszeit des 1. Tarifs

$$18,5 + 0,05 \cdot x < 14,5 + 0,06x$$
$$4 < 0,01x$$
$$x > \frac{4}{0,01} = 400$$

Antwort: Ab 401 Minuten = 6 Stunden 41 Minuten Verbindungszeit ist der 2.Tarif günstiger.

9.21 x ... Wohnungsgröße in m^2

Ansatz:

Mietkosten/ m^2 mal Wohnungsgröße + Betriebskosten/ m^2 mal Wohnungsgröße + 10% der Miete ≤ 800

$$5,7 \cdot x + 2,6 \cdot x + 0,57 \cdot x \leq 800$$
$$8,87x \leq 800$$
$$x \leq 90,19$$

Auf eine ganze Zahl gerundet ergibt sich der Wert 90.

Antwort: Die Wohnungsgröße darf höchstens 90 m^2 betragen.